U0184188

钢中砷的危害性及添加
稀土控制技术与机理

辛文彬　著

北　京
冶金工业出版社
2023

内 容 提 要

本书以解决废钢循环过程中残余元素危害钢性能为背景，旨在全面阐明残余元素铜砷复合时砷含量变化对钢高温热塑性、热加工性和力学性能的影响情况及添加稀土对三方面性能改善的综合效果及机理，为连铸矫直和后续加热、轧制过程避开裂纹敏感区操作奠定理论基础，同时为稀土处理消除危害方法实际应用的可行性提供技术支撑。

本书可供冶金及材料领域有关研究人员和工程技术人员阅读，也可供高等院校冶金及材料专业师生参考。

图书在版编目（CIP）数据

钢中砷的危害性及添加稀土控制技术与机理／辛文彬著 . —北京：冶金工业出版社，2023.6
ISBN 978-7-5024-9538-1

Ⅰ . ①钢… Ⅱ . ①辛… Ⅲ . ①砷—影响—炼钢—研究 ②稀土金属—影响—炼钢—研究 Ⅳ . ①TF7

中国国家版本馆 CIP 数据核字（2023）第 105065 号

钢中砷的危害性及添加稀土控制技术与机理

出版发行	冶金工业出版社	电　　话	（010）64027926
地　　址	北京市东城区嵩祝院北巷 39 号	邮　　编	100009
网　　址	www.mip1953.com	电子信箱	service@ mip1953.com

责任编辑　高　娜　美术编辑　吕欣童　版式设计　郑小利
责任校对　葛新霞　责任印制　禹　蕊
三河市双峰印刷装订有限公司印刷
2023 年 6 月第 1 版，2023 年 6 月第 1 次印刷
710mm×1000mm　1/16；9.5 印张；184 千字；143 页
定价 60.00 元

投稿电话　（010）64027932　投稿信箱　tougao@cnmip.com.cn
营销中心电话　（010）64044283
冶金工业出版社天猫旗舰店　yjgycbs.tmall.com
（本书如有印装质量问题，本社营销中心负责退换）

前　言

　　残余元素的循环富集问题历来是困扰各国冶金工作者的难题。因残余元素的氧势较铁低，进入钢水中的残余元素在现阶段的炼钢工艺条件下很难去除，而残存于钢中的残余元素易于偏析、晶界偏聚和氧化富集，对钢材的高温热塑性、热加工性、回火脆性、力学性能和组织等均会产生不同程度的影响。当钢中残余元素含量达到一定的水平时将严重影响钢铁生产过程的顺行以及最终产品质量。因此，必须对残余元素加以控制或者消除。

　　目前针对残余元素危害钢热塑性、热加工性和力学性能这三个方面的研究工作已有不少，但主要是针对残余元素铜、锡或铜锡复合的；而对残余元素砷的研究工作很少，尚缺乏直接的实验证据和相关机理研究。另外，即便是研究较多的铜、锡或铜锡，大多也只聚焦于对单一性能影响的研究，缺乏对多方面性能影响的综合研究，而对砷来说，这三方面影响的系统工作几乎是空白。考虑到废钢循环过程中铜往往是不可避免的，因此本书系统全面地研究了砷对不同铜含量水平钢热塑性、热加工性的影响和力学性能的影响规律，以期重点阐明铜砷影响热塑性的实质，并揭示砷影响浸润晶界富铜液相成分、熔点等进而影响钢表面开裂规律发生变化的机理，为钢铁生产连铸及轧制过程工艺的制定提供科学决策依据。

　　几十年来，针对钢铁生产的不同工艺阶段，冶金工作者为减少钢中残余元素砷的危害性进行了大量的研究，大致可分为三类：（1）配料稀释法；（2）铁矿石预处理或造球、烧结过程中采用煤基直接还原焙烧脱砷法、预氧化-弱还原焙烧脱砷法及气化脱砷法等脱除含砷矿石中的部分砷；（3）钢铁液脱砷方法——渣化还原工艺脱砷、$CaO\text{-}CaF_2/CaC_2\text{-}CaF_2$ 渣系和 Ca 合金脱砷、真空挥发脱砷。目前除配料稀释法外，其他各种脱除砷的尝试或因生产成本高、铁损大，或因环境污染严重、实现工业化困难等尚不能大规模应用。随着优质铁矿石资源紧张及大量废钢的循环使用，未来配料稀释法也将受到很大的限制，因而寻求更为可行的消除砷危害性的方法成为必然趋势。

目前，通过稀土处理来消除残余元素危害的方法已见报道。稀土是国家的宝贵资源，直到今天，普遍认为稀土在钢中有净化钢液、变质夹杂物和微合金化等作用，但是缺乏有关稀土与砷的相互作用的物理化学基础研究。此外，尚缺乏稀土添加对含铜砷钢热塑性、热加工性和力学性能改善效果的综合研究。因此，本书重点考察了含砷稀土夹杂物的种类、物相结构、演变规律和生成机制，同时，系统分析了稀土处理方法对改善铜砷危害热塑性、热加工性和力学性能的效果。其中，重点明辨稀土与残余元素晶界竞争偏聚和稀土与残余元素相互作用对改善残余元素恶化钢热塑性的关系，认识稀土阻止富铜液相浸润晶界而抑制铜砷诱发表面开裂的作用规律，并总结其机理，为该技术的实际应用提供基础理论。

本书内容涉及的研究工作分别得到了国家自然科学基金（No. 51804170）、内蒙古自治区自然科学基金（No. 2018LH05014）的资助，在此致以深深的谢意！

由于作者水平所限，书中疏漏和不足之处，诚望读者指正。

辛文彬

2023 年 2 月

目　　录

1 绪 论

1.1 钢中残余元素砷的概述

1.1.1 钢中残余元素砷的来源和累积

钢铁冶金工艺从原料来源角度可分成"从矿石到钢铁"和"从废钢到钢铁"两大流程。钢铁产品中的砷主要来源于铁矿石、废钢、铁合金和其他辅料。我国南方相当多的铁矿含砷量较高，如广东、福建、江西、云南、广西等地，其中含砷铁矿中砷的赋存形式主要是褐铁矿以臭葱石 $FeAsO_4 \cdot 2H_2O$ 存在，磁铁矿则大多以毒砂 FeAsS 存在。废钢是砷的另外一个主要来源。废钢可分为自产废钢、加工厂废钢和循环旧废钢。炼钢厂极易控制自产废钢的质量，对于加工厂废钢的控制就差一些，最难控制质量的是循环旧废钢。表 1-1 和表 1-2 分别为江西新余钢铁厂铁矿石和废钢中砷的含量水平[1]。此外，铁合金也是砷的来源之一。表 1-3 为钨铁合金的化学成分，其中规定了残余元素砷的含量水平[2]。进入钢中的残余元素由于其氧势比铁低，在现阶段炼钢工艺条件下不能被去除，导致随着废钢的循环使用，残余元素将逐渐累积在钢中。

表 1-1 新余钢厂不同产地铁矿石中砷含量水平（质量分数）　　（%）

产地	砷含量	产地	砷含量	产地	砷含量
仙塘	0.028	闽漳	微量	上高	0.140
兴宁	0.458	闽龙	0.004	龙市	0.025
兴全	0.517	闽夏	0.050	乌石山	微量
良山粉	微量	梅县	0.164	大田	0.023

表 1-2 新余钢厂不同类型废钢中砷含量水平（质量分数）　　（%）

来源	砷含量	来源	砷含量
公司内方钢切头	0.091	省内中型废钢	<0.010
公司内中板切头	0.061	省内中型废钢	<0.010
公司内线材切头	0.117	省内中型废钢	<0.010
公司内渣钢	0.166	省内中型废钢	<0.010

表1-3 钨铁合金的化学成分（质量分数） （%）

牌号	W	C	P	S	Si	Mn	Cu	As	Bi	Pb	Sb	Sn
FeW80-A	75.0~ 85.0	0.10	0.03	0.06	0.50	≤0.25	≤0.10	≤0.06	0.05	0.05	0.05	0.06
FeW80-B	75.0~ 85.0	0.30	0.04	0.07	0.70	≤0.25	≤0.12	≤0.08	0.05	0.05	0.05	0.08
FeW80-C	75.0~ 85.0	0.40	0.05	0.08	0.70	≤0.50	≤0.15	≤0.10	0.05	0.05	0.05	0.08
FeW70	≥70.0	0.80	0.06	0.10	1.20	≤0.60	≤0.18	≤0.12	0.05	0.05	0.05	0.10

1.1.2 钢中残余元素砷的存在形式

砷在钢中主要以固溶体和化合物形态存在。图 1-1 为 Fe-As 二元相图[3]。可以看出，Fe-As 与 Fe-P 有着相似的状态图。同时，由 Fe-As 相图可知，1150℃时砷在 γ-Fe 中的最大溶解度约为 3.75%；840℃在 α-Fe 中的最大溶解度为 12%。随着温度降低，砷在 α-Fe 中的溶解度逐渐减少，室温时一般小于 0.5%。因此，由 Fe-As 二元相图可知，当砷含量较低时，砷将完全固溶于铁基体中；当砷含量较高时，砷将会以化合物形式析出。此外，砷能够与其他元素形成相关化合物。表 1-4 为钢中常见元素与砷的化合物及共晶温度[4]。

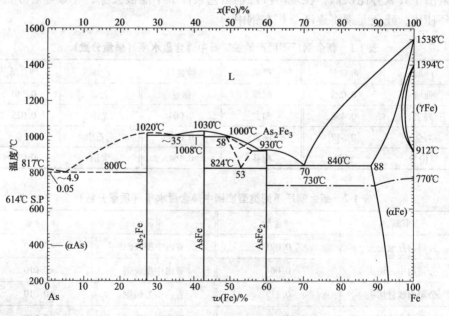

图 1-1 Fe-As 二元相图

表1-4 钢中砷化物熔点及共晶温度

砷化物	熔点及共晶温度
Fe_2As	($\alpha Fe+Fe_2As$) 共晶温度 840℃
AsP	熔点 800℃
AsS_2	熔点 310℃
AsCu	($\alpha+\beta AsCu$) 共晶 689℃
AsSn	熔点 596~605℃
Mn_3As	($\alpha+\beta Mn_3As$) 共晶 930℃

殷国瑾[5]研究高砷（0.61%~10.2%）铁砷合金时发现，当砷含量足够高时，合金中出现大量白色共晶相，X射线衍射测定为Fe_2As相。梁英生[6]首先类比 Fe-P 和 Fe-As 相图得出，与Fe_2P相似，铁熔体中的砷以Fe_2As形式存在；继而由 Fe-C 和 Fe-As 相图推论出钢中的砷以Fe_2As形式与Fe_3C互溶，两者不形成新的化合物。

1.1.3 钢中残余元素砷的分布

残余元素砷在钢中的分布既有凝固过程的宏观微观偏析，也有固态相变时的表面富集和晶界偏聚，还有连铸坯高温冷却、二次加热过程的氧化富集。

1.1.3.1 残余元素砷的凝固偏析

由 Fe-As 相图可知，α-Fe 相+液体两相区最大有 600℃左右的温度间隔，水平成分差也达20%，因而砷在钢中较容易形成偏析。表 1-5 为钢中常见元素的凝固偏析因数[7]。正常凝固条件下，凝固偏析因数小于0.5的元素不会产生严重的宏观偏析。砷的凝固偏析因数为0.7，因此易发生凝固偏析。

表1-5 有害元素在钢中凝固偏析的倾向和晶界富集因数

元素名称	凝固偏析因数	晶界富集因数
硫	0.98	25000
磷	0.87	200~750
碳	0.87	10000
锑	0.80	1000
砷	0.70	250
锡	0.50	250~750
铜	0.44	100~200

殷国瑾[5]和 Zhu Y Z[8]研究了 As 元素在整个铸锭（坯）横截面上的宏观分布情况。图 1-2 和图 1-3 分别为整个铸锭（坯）横截面上砷浓度变化图。前者结

果表明铸锭中心部位 As 含量高于边部，后者实验发现 As 在 CSP 板的上下表面出现宏观偏析。另外，Subramanian S V[9, 10]研究不同淬火温度下 Fe-10%As 合金中 As 的枝晶偏析特征指出，凝固起初，Fe-10%As 合金发生枝晶生长，固液两相中砷的浓度比接近平衡凝固偏析因数。而随着温度的降低，枝晶臂以胞晶生长方式增厚。此时，固相中砷的含量随凝固分率的增加而增加。

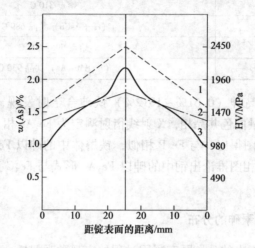

图 1-2 φ50mm 铸锭横截面砷浓度变化图
1—铸造 HV；2—900℃退火 HV；3—w(As)

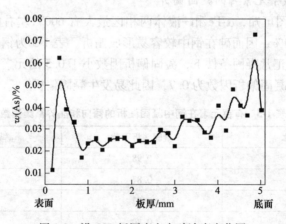

图 1-3 沿 CSP 板厚度方向砷浓度变化图

1.1.3.2 固态相变过程砷的表面富集和晶界偏聚

通常在室温条件下，铁基合金或者钢的自由表面及晶界与基体没有达到热力学平衡，而在重新加热过程中，自由表面和晶界的化学成分会发生相应变化以达到热力学上的平衡；同时由于 As 熔点低且其原子半径比铁大（As 为 0.139nm、

Fe 为 0.126nm），其向表面和晶界偏聚的驱动力较强，这些因素导致砷易发生表面富集和晶界偏聚。

A　残余元素砷的表面富集

即使基体中残余元素含量很低，其在表面的富集也能高达一个原子层左右。Costa D[11] 和 Godowski P J[12] 利用 X 射线光电子能谱仪（XPS）和俄歇电子能谱仪（AES）研究表明，Fe-As 合金中砷发生表面富集，同时指出 1033K 时砷的表面富集饱和度为（0.33±0.02）个原子层。

B　残余元素砷的晶界偏聚

McLean[13] 指出产生晶界偏聚的驱动力是由于溶质原子在晶内产生畸变能和在晶界畸变能之差。在晶界上，原子排列不规则，溶质原子在此偏聚，从而使系统总自由能降低。畸变能量之差 Q（也即偏聚激活能）是影响溶质原子晶界偏聚的最关键因素。由于残余元素原子尺寸较 Fe 原子大，造成的晶格畸变促使其易在奥氏体晶界发生偏聚。英宏[14] 实验发现 1200℃奥氏体化 30min 后缓慢冷却至室温和炉冷至 600℃等温 5h 两种情况下均发现 As 的晶界偏聚。Zhu Y Z[15] 研究表明 Nb、Cr、Ti 微合金化低碳钢 1100℃保温 30min 后 As 明显偏聚于晶界，结果如图 1-4 和表 1-6 所示。

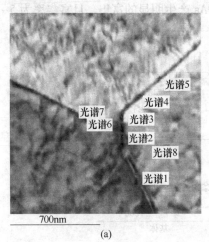 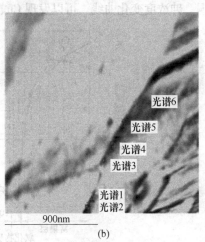

图 1-4　晶界晶内 TEM 形貌图及能谱成分

(a) 热轧板；(b) 热轧板 1100℃氧化 30min

评估残余元素的晶界偏聚能力可以用晶界富集因数 K 表示，其定义为 $K=$ 晶界浓度/晶内浓度，其为无量纲的量。钢中常见有害元素的晶界富集因数列于表 1-5。根据 Seah-Hondros 模型[7] $\lg K = a\lg C_m + b$（C_m 为残余元素的溶解度，a 和 b 均为常数，其中 $a=-0.868$，$b=0.898$），晶界富集因数与残余元素在钢中的溶解度成反比。

表 1-6　晶界晶内砷含量（质量分数）　　　　　（%）

试样	元素	1	2	3	4	5	6	7	8
热轧板	As	0.10	0.03	0.07	0.06	0.05	0.08	0.10	0.11
	Fe	99.90	99.97	99.93	99.94	99.95	99.92	99.90	99.89
热轧板氧化 30min	As	0.33	0.25	0.34	0.19	0.11	0.16		
	Fe	99.67	99.75	99.66	99.81	99.89	99.84		

1.1.3.3　残余元素砷的氧化富集

与表面富集和晶界偏聚机理不同，残余元素的氧化富集是由高温下元素的选择性氧化造成的。钢中的残余元素 Cu、Sb、Sn 和 As 等氧化位能比铁低，在钢坯高温冷却或者二次加热的过程中，Fe 基体优先于这些残余元素氧化，随着 Fe 的不断氧化，残余元素在氧化层与基体界面逐渐富集。更为甚者，当残余元素超过在铁基体中的溶解度时将会析出，严重影响钢的热加工性。

刘富有[16]研究表明含砷 0.1%~0.4% 试样内表面层结构发生了显著变化。表层结构由外向里为氧化皮→富铜相及铁砷化合物相→铜、砷富集层→大颗粒氧化物层→弥散于基体中的铁锰硅酸盐细颗粒层→基体。图 1-5 为由试样富集层外缘到基体处铜、砷浓度变化曲线。可以发现 Cu、As 产生明显的富集，且富集率为 5~15。

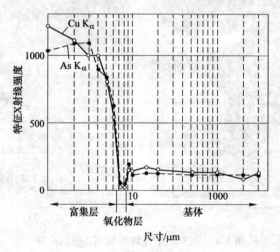

图 1-5　由试样富集层外缘到基体处铜、砷浓度变化曲线

1.2　残余元素砷对钢性能的影响

1.2.1　残余元素砷对钢高温热塑性的影响

从钢的熔点附近至 600℃ 区间存在着三个明显的脆性温度区域，如图 1-6 所

示。高温区（熔点 $T_m \sim 1200℃$）为第Ⅰ类脆性区，中温区（1200~900℃）为第Ⅱ类脆性区，低温区（900~600℃）为第Ⅲ类脆性区。钢的高温力学性能受钢的化学成分、材料初始状态、加热制度、冷却速率、应变速率、奥氏体晶粒度、析出物和动态再结晶等诸多因素影响，三个脆性区不一定会同时出现，有时可能发生重叠。

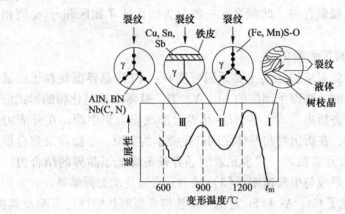

图1-6 钢的三个脆性温度区及脆化机制示意图

1.2.1.1 第Ⅰ类脆性温度区域

在钢的熔点到约1200℃温度区间，由于交叉的树枝晶状区域富集着液相膜，这些液相膜含有磷、硫等偏析元素，所以钢的强度特别低，当坯壳受到外力作用时，容易沿晶界开裂而形成裂纹。此脆性区与连铸坯内部裂纹和表面纵向裂纹密切相关。

研究发现，第Ⅰ类脆性温度区域内的塑性与应变速率无关，也就是说，在熔点至1200℃温度范围内表征钢脆性程度的断面收缩率 Z 不随应变速率的变化呈规律性变化。

1.2.1.2 第Ⅱ类脆性温度区域

此温度区域（900~1200℃）的脆性机理是：当温度降低时，沿奥氏体晶界有过饱和的硫化物、氧化物，如（Fe,Mn）S、（Fe,Mn）O[17,18]，或者有 Cu、Sn、Sb 和 As 等残余元素的富集。陈伟庆[19]研究指出，34Mn5 钢的连铸圆坯 900~1000℃温度范围内热塑性的降低主要是 Sn、Cu 等残余元素在奥氏体晶界富集造成的。

研究表明，这种脆化现象只在应变速率较大时出现，当应变速率低于 $10^{-2}/s$ 时，这种脆化现象就不会出现，而在连铸过程中，铸坯弯道矫直以及鼓肚变形时的应变速率低于 $10^{-2}/s$。因此，一般认为第Ⅱ类脆性温度区域钢的脆性与连铸过程无关。

1.2.1.3 第Ⅲ类脆性温度区域

600~900℃温度范围内碳钢和低合金钢的低热塑性问题是一个产业问题，连铸弯道矫直过程中产生的铸坯裂纹与此温度区间的脆化有密切关系。此温度范围内热塑性的降低通常与晶界薄膜状先共析铁素体、晶界沉淀粒子（碳化物、氮化物和碳氮化物）和残余元素 Cu、Sn、Sb、As 和 P、S 在铁素体与奥氏体相界面或者奥氏体晶界的偏聚有关。此温度区一般分为奥氏体单相区和 γ+α 两相区两个温度区间。

A 奥氏体单相区的脆化

奥氏体单相区低温域脆化的主要原因可能有：（1）晶界沉淀粒子：试验温度降低至此温度区时，高温下固溶的 Nb、V、Ti、Al 等以碳氮化物的形式沿奥氏体晶界呈静态或动态析出[20, 21]，从而在晶界上形成应力集中源，在外应力作用下，引起晶界滑移，在析出物与基体之间产生微小的空隙，空隙发展聚合形成二次裂纹。（2）残余元素偏聚：残余元素的晶界偏聚降低了晶界的结合力，增加了晶界纤维空洞的形成与生长速率。（3）残余元素阻止动态再结晶。

耿明山[22]研究了 Cu、As 和 Sn 对低合金连铸坯高温热塑性的影响及其机理。热塑性曲线表明，铸坯中的残余元素 Cu、As 和 Sn 增加了连铸坯第三脆性温度区的宽度和脆性凹槽的深度，提高了第三脆性温度区上限临界温度。850℃拉伸至屈服后试样沿晶断裂面 AES 检测表明，晶界存在一定量的 Cu、As 富集和少量 Sn 富集。其热塑性曲线及断口 AES 结果如图 1-7 所示。

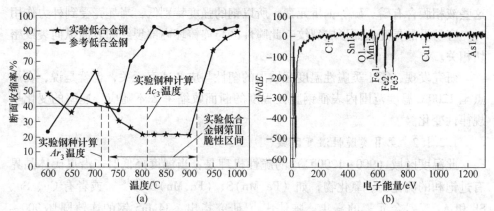

图 1-7 热塑性曲线和沿晶断口俄歇分析结果
(a) 热塑性曲线；(b) 断口俄歇结果

Nachtrab W T[23]实验证实添加 Nb 的含铜锡 C-Mn 钢 800~1200℃范围内热塑性的降低主要是由 Cu、Sn 和 Sb 的晶界偏聚和 AlN、Nb(C,N) 粒子晶界沉淀两者共同引起的。图 1-8 为热拉伸试样断口沉淀粒子 TEM 观察结果。表 1-7 为900℃下经 10%形变量后试样沿晶断口晶界 AES 能谱结果。

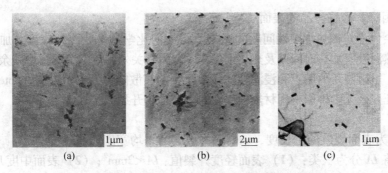

图 1-8 900℃热拉伸试样断口晶界粒子萃取复型图
(a) 试样 A；(b) 试样 B；(c) 试样 C

表 1-7 晶界元素化学成分（质量分数） （%）

试样	Mn	S	Cu	Sn	Sb	N	C	Fe
A	8.27	6.23	ND	1.05	2.72	1.81	0.45	余量
B	2.66	2.95	4.27	6.75	2.44	1.09	0.78	余量
C	2.90	3.32	4.12	5.15	2.67	1.19	0.52	余量

B γ+α 两相区的脆化

除晶界粒子沉淀外，γ+α 两相区脆化的原因为奥氏体与铁素体的强度不同。铁素体的强度为奥氏体强度的 1/4。拉伸过程中，应力易集中于沿奥氏体晶界形成的薄膜状铁素体处，导致延性破坏。随着温度降低，铁素体层增厚，断口也相应地向韧性断口转变。这是由于此时铁素体相的体积百分数比较高，降低了铁素体上的应力集中。Matsuoka H[24] 研究不同含碳量钢的热塑性问题时发现，γ+α 两相区内出现塑性下降现象。塑性低谷温度下试样金相组织分析表明，裂纹沿先共析铁素体内部或先共析铁素体与奥氏体相界面处产生。

由调研可知，目前针对残余元素砷危害钢热塑性的研究工作很少，有必要通过系统的实验测定，总结铜砷的作用规律和机制。铜、锡的晶界偏聚被证实是恶化含铜锡钢单相奥氏体区热塑性的主要原因，而是否存在铜、砷的晶界偏聚尤其是砷的晶界偏聚目前没有进行严格的科学测定。为减少表面裂纹，保证铸坯质量，有必要对砷影响钢热塑性的规律及机理进行系统深入的研究。

1.2.2 残余元素砷对钢热加工性的影响

砷的熔点为 817℃ 左右，它的氧势比铁低。未氧化时砷固溶于基体中；而在钢锭或铸坯高温冷却或二次加热过程中，由于铁的选择性氧化，砷会在氧化层与基体界面处发生氧化富集。当砷含量超过其在铁中的溶解度时，富砷相将会沿氧化层和基体界面析出，一旦形成熔融液相，将会浸入晶界，破坏晶界的连续性，影响钢材的热加工性；同时，形成的低熔点液相还容易造成粘皮，导致后续去鳞和酸洗困难，影响产品的表面质量。

残余元素对钢热加工性问题的影响除与钢的化学成分、冷却速度、加热炉气氛、加热温度、加热时间以及热加工过程轧制力有关外，还与奥氏体中残余元素的固溶度、熔融液相的熔点和浸润性及残余元素的扩散能力等密切相关。Botella J[25]提出表征残余元素砷影响钢材热裂程度的参数——开裂因子 IA：

$$IA = L \times a$$

式中，L 为表面裂纹的总长度，mm；a 为裂缝的平均宽度，mm；

其将 IA 分为三类：（1）表面轻度开裂值：$IA < 2\text{mm}^2$；（2）表面中度开裂值：$2\text{mm}^2 < IA < 4\text{mm}^2$；（3）表面严重开裂值：$IA > 4\text{mm}^2$。图 1-9 为不同温度下 As 含量对 18Cr-8Ni 奥氏体不锈钢热脆倾向的影响规律。结果表明，1123K 下实验钢的 IA 值较大，表面开裂较 1273K 时严重，当 As 含量高达 0.205% 时，两温度下实验钢的 IA 值均大于4，表面严重开裂。

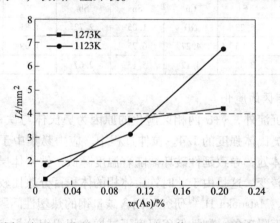

图 1-9 不同温度下 As 含量对 18Cr-8Ni 奥氏体不锈钢热脆倾向的影响规律

裴斐[26]利用带有能谱分析仪的扫描电镜（SEM+EDS）分析了 CSP 热轧板不同温度下保温 30min 后 Cu、As 在基体和氧化层之间的富集情况。实验结果表明，低于 1050℃ 时，氧化膜与基体的界面较为平直，并没有发现残余元素的富集；而当温度高于 1050℃ 时，氧化膜与基体的界面逐渐变得粗糙，残余元素 Cu 和 As 主要在氧化膜与基体交界处和交界处球形氧化物附近富集。Zhu Y Z[15]利用 SEM+EDS 分析同样发现 CSP 生产过程中 As 在氧化层与基体界面处富集的现象。

耿明山[27]研究 Q345B 板坯表面微裂纹产生的原因时发现，热轧终板表面微裂纹附近基体晶界上存在明显的 Cu、As 和 Sn 的富集，其裂纹边缘存在 Cu/As/CuAs/CuSn/CuAsSn 的富集现象。二次加热连铸坯 Cu、As 和 Sn 在界面和基体中富集，轧制后的钢板中 Cu、As 和 Sn 主要富集在基体。

当砷、铜共存时对钢材的热加工危害性更为严重，砷对钢热脆性的影响程度相当于铜的 1/4。这是由于砷能够降低含铜相的熔点，导致熔融液相更易沿晶界渗入；另外，砷可降低铜在 γ 相中的溶解度，但是作用不如 Sn、Sb 明显[28]。图 1-10 为 Sn、Sb 和 As 对 Cu 在奥氏体中溶解度的影响规律[29]。

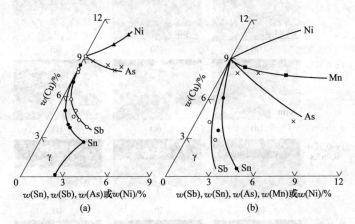

图 1-10 Sn、Sb 和 As 等对 Cu 在奥氏体中溶解度的影响规律

(a) 1200℃；(b) 1250℃

LAN Y[30] 系统研究了 As、Sn、Sb 对 Fe-0.3%Cu 合金中铜相在氧化层/基体界面处的富集及熔融液相渗透晶界能力的影响，如图 1-11 和图 1-12 所示。结果

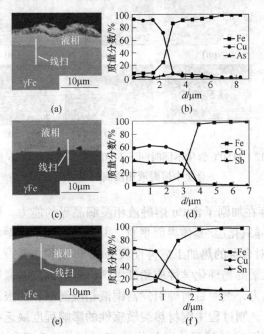

图 1-11 1150℃氧化 600s 后 Fe-0.3%Cu-X 合金中液相层与基体
界面处 As、Sb 和 Sn 含量变化曲线

(a)，(b) Fe-0.3Cu-0.10As；(c)，(d) Fe-0.3Cu-0.10Sb；(e)，(f) Fe-0.3Cu-0.10Sn

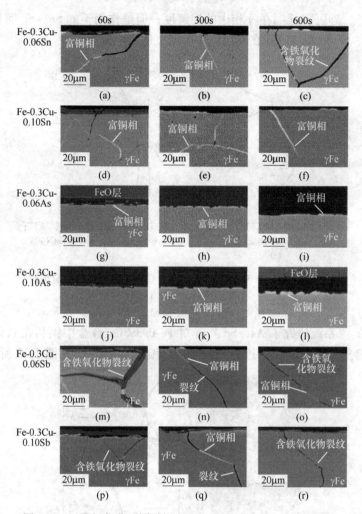

图 1-12 1150℃氧化不同时间下 Fe-0.3%Cu-X（As、Sb 和 Sn）
合金中熔融液相浸润晶界情况

表明，Sn、Sb 的存在加剧了含 Cu 熔融液相浸润晶界的能力。但 As 与 Sn、Sb 规律不同，含 As 试样氧化层/基体界面平直，并且没有出现熔融液相渗透奥氏体晶界现象，表明 As 对合金的热加工危害性较 Sn、Sb 弱得多。

从同为残余元素的物理化学性质角度考虑，砷应该能够像锡一样具有引发液相铜浸润晶界的能力，然而目前砷引发富铜液相浸润晶界的报道还很少。除此之外，铜砷共存时对轧制过程中钢材热裂敏感性的影响程度缺乏相关研究。残余元素对钢热加工性的影响与其氧化富集规律密切相关。为控制铜砷对钢热裂的影响，需要深入理解残余元素铜砷的氧化富集规律。

1.2.3 残余元素砷对钢组织和力学性能的影响

1.2.3.1 砷对钢临界转变温度和组织的影响

砷对钢临界转变温度的影响取决于钢的化学成分、加热速度、冷却速度等。表1-8为总结的不同砷含量下各钢的临界转变温度数据。表中数据表明，对于不同钢种而言，As含量变化对钢临界转变温度的变化趋势影响有所不同。但总体而言，随着钢中As含量的增加，Ac_1、Ac_3和Ar_3温度有升高趋势，而Ar_1有所下降。

表1-8 不同砷含量下各钢的临界转变温度

钢种及来源	砷含量（质量分数）/%	临界转变温度/℃			
		Ac_1	Ac_3	Ar_3	Ar_1
16GS[31]	0	720.0	860.0		
	0.130	730.0	881.0		
16G2SF[31]	0	721.0	850.0		
	0.130	738.0	868.0		
未知[32]	0.130	725.0	860.0	835.0	685.0
	0.350	725.0	875.0	850.0	685.0
	0.430	730.0	885.0	855.0	680.0
	0.560	725.0	900.0	870.0	680.0
30CrMnSiA[33]	0	768.7	808.0		
	0.025	769.5	816.7		
	0.060	772.2	820.0		
	0.074	773.3	822.0		
E36[34]	0.019			692.0	663.0
	0.075			695.0	627.0
	0.170			687.0	602.0
	0.240			695.0	582.0

砷可通过影响钢的临界转变温度，进而影响过冷奥氏体转变过程的显微组织。冯赞[34]在研究砷及镧对E36船板钢连续冷却转变曲线的影响时发现，冷速为0.01℃/s、As含量由0.019%增加到0.24%时，试样组织中出现更多的晶内铁素体，如图1-13所示。程慧静[35]研究含砷45钢的过冷奥氏体连续转变过程时同样发现，随着试样中砷含量增加，45钢锻后空冷组织中晶内铁素体含量增加，同时整个组织铁素体含量随As含量增加而增加。

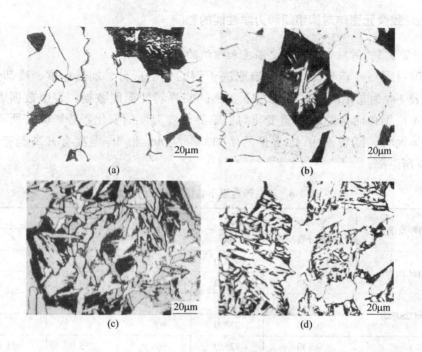

图 1-13 冷速为 0.01℃/s 时不同砷含量试样显微组织图

(a) 0.019%As; (b) 0.075%As; (c) 0.175%As; (d) 0.24%As

1.2.3.2 砷对钢力学性能的影响

残余元素 As 因固溶和偏析造成的晶格畸变以及固溶强化将会引起材料的强度和硬度有所升高,而对塑性影响不大。然而,砷属于易偏聚元素,晶界上的偏聚造成钢的冲击韧性下降。砷对钢力学性能的影响与含碳量、热处理制度等诸多因素有关。

Sawamura H[36]研究指出 As 元素能够提高普碳钢和软钢的韧脆转变温度,降低韧性,但当 (As)<0.1%时,无论钢中 As 单独存在还是与 Cu、As 共存,对钢的韧脆转变温度没有影响。

30CrMnSiA 钢经 900℃正火、880℃油淬、520℃回火后水冷热处理后的拉伸和冲击试验结果表明,钢中 As 含量达到 0.32%时对钢的强度和塑性没有明显影响,但是显著降低钢的冲击韧性,提高韧脆转变温度[37]。肖寄光[38]研究表明,当 As 含量由 0.019%变化到 0.24%时,D 级船板钢的屈服强度先升高后降低,但抗拉强度没有明显下降,室温和低温冲击韧性急剧下降,降幅分别为 57.1%和84.3%。冲击功实验结果如图 1-14 所示。

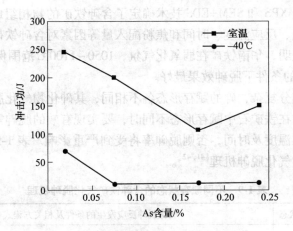

图 1-14 D 级船板钢冲击功与 As 含量关系图

1.3 残余元素砷的控制对策与方法

残余元素砷对钢材的高温热塑性、热加工性、组织及力学性能等均产生不利的影响。对于一些特殊用途的钢，比如石油钻杆用钢、大型发电机转子钢等高品质钢甚至要求钢中不含砷元素。为了达到控制钢材质量的目的，一方面可以通过降砷脱砷来控制钢中砷的含量，另一方面在充分认识砷对钢材性能产生影响的机理之上通过改变其分布位置或状态来加以控制。针对钢铁生产工艺的不同阶段，冶金工作者对钢中残余元素 As 的控制进行了大量实验研究。

1.3.1 矿石处理过程砷含量控制对策与方法

随着铁矿石资源的日趋紧张，充分使用国内储量丰富的难处理含砷铁矿资源日趋重要。长流程的钢铁生产过程开始于铁矿石，可以通过含砷铁矿预处理或通过造球、烧结过程对矿石中的砷加以去除。目前，已对煤基直接还原焙烧脱砷法、预氧化-弱还原焙烧脱砷法及气化脱砷法进行了初步研究。

蒋曼[39]对内蒙古黄岗含砷、锡铁精矿采用煤基直接还原焙烧工艺脱除砷锡，其工艺流程为：中性条件+900℃恒温焙烧 20min—自然冷却—磨矿—烟煤用量 20%+氯化钙添加剂用量 1%+1200℃恒温还原焙烧 50min——段磨矿一段磁选（磨矿粒度-0.074mm 粒级占 90%），经焙烧后砷的脱除率为 67.4%。

姜涛[40]研究了含砷铁精矿球团在预氧化-弱还原焙烧过程中砷的挥发行为。结果表明，在预热温度和时间分别为 870℃和 6min，回转窑升温 60min，1050℃下还原焙烧 40min，无烟煤用量为 20%的条件下，预氧化球团中砷残留量降为 0.253%，而成品球团矿中砷残留量为 0.035%，As 挥发率达 88.54%。

胡晓[41]等对华南含砷铁矿烧结过程进行了系统的气化脱砷实验研究。作者首先采用 XRD、XPS 和 SEM+EDS 技术确定了含砷铁矿的物相组成及含量。随后研究了脱砷气氛、反应温度、时间和焦粉配入量等因素对含砷铁矿脱砷效果的影响规律。结果表明，华南铁矿在弱氧化气氛，1050~1100℃ 范围保温 8~15min 且焦粉配入量 6% 的条件下脱砷效果最好。

含砷铁矿成分复杂，砷的赋存形态各不相同，其砷化物气化脱砷反应机理也各不相同。当砷在铁矿石中赋存形态不同时，要实现有效的脱砷需要严格控制体系的气氛、反应温度及时间，否则脱砷率将受到严重影响。表 1-9 为不同赋存状态的含砷铁矿的气化脱砷机理[41, 42]。

表 1-9 不同赋存状态的含砷铁矿气化脱砷机理

铁矿石中砷的赋存状态	气化脱砷反应发生的条件及相关方程式
毒砂（FeAsS）	在中性气氛下，FeAsS 在 220℃ 发生离解，其反应为： $$4FeAsS = 4FeS + As_4(g)$$ 在氧化性气氛中，FeAsS 于 500~530℃ 发生反应为： $$2FeAsS + 5O_2(g) = Fe_2O_3 + As_2O_3(g) + 2SO_2(g)$$ 气化产物 As_2O_3 在 221℃ 开始升华，熔点为 313℃，沸点为 487.2℃。800℃ 以下温度以双分子 As_4O_6 形式存在，温度高于 800℃，分解成单分子 As_2O_3 [43] 在还原性气氛下，HAKRABORTI N C. 和 LYNCH D C[42] 认为 As 是以 As_4S_4、As_2S_3 和 AsS 三种形式气化的： $$4FeAsS + 4CO_2(g) = As_4S_4(g) + 4FeO + 2CO(g)$$ $$3FeAsS(s) + 2CO_2(g) = 2FeO(s) + FeAs(s) + 2CO(g) + As_2S_3(g)$$ $$FeAsS(s) + CO_2(g) = FeO(s) + CO(g) + AsS(g)$$
臭葱石（FeAsO$_4$·2H$_2$O）	加热时，$FeAsO_4 \cdot 2H_2O$ 250℃ 发生脱水反应： $$FeAsO_4 \cdot 2H_2O = FeAsO_4 + 2H_2O(g)$$ 继续加热，$FeAsO_4$ 将在近 1000℃ 时发生如下分解反应： $$2FeAsO_4 = Fe_2O_3 + As_2O_3(g) + O_2(g)$$ 在还原性气氛中，$FeAsO_4$ 发生如下反应： $$2FeAsO_4 + 2CO(g) = Fe_2O_3 + As_2O_3(g) + 2CO_2(g)$$
雄黄（As$_2$S$_2$）和雌黄（As$_2$S$_3$）	As_2S_2、As_2S_3 等硫化砷在 350℃ 左右气化，仅能在还原性或中性气氛中稳定存在，当氧分压大于 10^{-17}Pa 时，发生如下反应： $$2As_2S_2 + 7O_2(g) = As_4O_6(g) + 4SO_2(g)$$ $$2As_2S_3 + 9O_2(g) = As_4O_6(g) + 6SO_2(g)$$

目前对含砷铁矿中砷的去除工作相对比较分散，大多是工艺性、探索性的研

究，并且效果不能令人满意。同时，脱砷机理还不清楚，尤其对各过程中的物理化学基础研究匮乏。

1.3.2 钢铁液中砷含量控制对策与方法

虽然通过矿石预处理，造球和烧结过程能够脱除原料中的部分砷，但是还有相当量的砷通过废钢或者高炉还原进入铁水或钢水，梁英生[44]通过热力学计算得出，由高炉炉料带入的砷将完全被还原进入铁水，其对常规转炉/电炉炼钢工艺过程钢水及炉渣成分分析表明，砷既不能通过氧化去除，也不能通过生成砷化钙而去除。目前，国内外许多冶金工作者积极寻求控制钢铁液中砷的方法，主要包括以下几种方法。

1.3.2.1 配料稀释法

稀释法是降低钢中残余元素 As 含量最直接最简单的措施，它不仅可以起到稀释作用，还可以提供大量的显热及潜热，改善电弧炉生产的技术经济指标。生产中常用冷/热直接还原铁（DRI）、热压块铁（HBI）、碳化铁和低砷高炉铁水等替用品来稀释钢液，以控制钢的纯净度。但是稀释法要求废钢代用品残余元素含量极低，这样才能起到稀释效果，且消耗量大。从长远来看，随着废钢量增多，优质铁矿资源紧缺，未来稀释法大规模应用越来越受到来自成本和资源双重限制。

1.3.2.2 $CaO\text{-}CaF_2/CaC_2\text{-}CaF_2$ 渣系和 Ca 合金脱砷

A $CaO\text{-}CaF_2/CaC_2\text{-}CaF_2$ 渣系脱砷技术

两渣系的脱砷反应分别可用式（1-1）和式（1-2）表示[45]：

$$3(CaO) + 2[As] \Longrightarrow (Ca_3As_2) + 3[O] \tag{1-1}$$

$$3(CaC_2) + 2[As] \Longrightarrow (Ca_3As_2) + 6[C] \tag{1-2}$$

为寻求有效的铁水预处理脱砷工艺，董元篪[45]在实验室范围内探究了 $CaO\text{-}CaF_2$ 和 $CaC_2\text{-}CaF_2$ 两渣系对铁水脱砷脱硫效果的影响。$CaO\text{-}CaF_2$ 渣系脱砷实验得出最佳的脱砷条件为 50%CaO+50%CaF$_2$，渣量 25%，温度 1400℃。经脱砷实验后铁液砷含量由 0.13%降为 0.062%，脱砷率达到 53%；而 $CaC_2\text{-}CaF_2$ 渣系研究脱砷结果表明：用 50%CaC$_2$-CaF$_2$ 的渣系在机械搅拌的条件下，铁液砷含量由 0.1%降低到 0.02%，脱砷率达到 80%。

刘守平[46]实验研究了 $CaO\text{-}CaF_2$ 渣系及分别添加 C 粉、Al 粉和铁磷条件下铁水的脱砷效果，当向熔池中添加配比为 65%CaO+35%CaF$_2$ 熔渣及 Al 粉 1.5g/kg 铁水时，其脱砷效果最好，脱砷率可达 50%~70%；而只添加 65%CaO+35%CaF$_2$ 的熔渣时的脱砷率仅有 10%~15%。X 射线衍射分析表明脱砷产物为 Ca_3As_2。实验得出脱砷的热力学条件为低氧位、低硫含量、高温和高碱度。

付兵[47]研究了 $CaC_2\text{-}CaF_2$ 渣系对涟钢含砷铁水的脱砷效果。实验结果表明由于感应炉的铁水搅拌条件比碳管炉好，感应炉脱砷率较高。感应炉中添加 60% CaC₂+40%CaF₂ 的配比渣，反应时间 15~20min 的条件下，砷含量由 0.029%降至 0.019%，脱砷率为 34.5%。

然而，由于 CaC₂ 分解生碳，CaC₂-CaF₂ 渣系脱砷过程会使钢液中出现增碳现象。图 1-15 为 Kitamura K 针对喷吹 CaC₂ 脱除钢液中 Sn、Sb 和 As 等元素的工业规模实验结果[48]。数据表明，约 15min 内钢中残余元素 As、Sn、Sb 含量均减少，而最终钢液增碳现象严重。另外，张荣生[49] 在研究碳化钙对钢液脱砷影响时同样观察到脱砷的同时熔池有增碳的现象。因此，冶炼低碳钢时要采取相应的措施，防止成品钢中的碳含量过高。

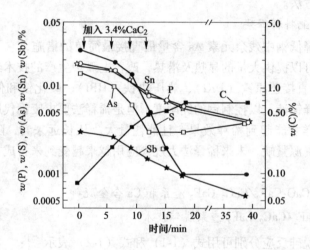

图 1-15 工业规模实验中 P、S、As、Sn、Sb 和 C 含量随时间的变化图

B 硅钙/铁钙合金脱砷技术

钙合金脱砷的实质是通过合金分解后产生的钙蒸气及其溶解的钙与铁水中的砷反应，其脱砷产物也是 Ca₃As₂。刘守平[50] 和 Wang J J[51] 分别向钢水中加入硅钙合金+CaF₂ 熔剂和 Ca-Fe 合金+稀土合金进行脱砷效果研究。前者的感应炉实验获得了 30%~58% 的脱砷率，但钢液增硅比较严重。后者认为稀土 Ce 的加入降低了 S 的活度系数，抑制了 Ca 与 S 的反应，提高了 As 脱除率。当稀土合金加入量固定为 5% 时，As 脱除率随着 Ca-Fe 合金增加而增加，钙铁加入量为 18% 时，As 脱除率可达 50%。

上述两种脱砷技术最终的脱砷产物均为 Ca₃As₂。相比较而言，CaC₂-CaF₂ 渣系比 CaO-CaF₂ 渣系的脱砷率要高；使用钙合金脱砷其脱砷率也较高，但价格昂贵。目前，由于缺乏砷及其化合物在熔渣、铁液中的传质参数，脱砷的反应机理和动力学条件不是很清楚。

1.3.2.3 真空挥发脱砷

气态砷存在 As、As_2 和 As_4 三种分子。砷元素的蒸气压很大，在 610℃ 下为 $1.01×10^5 Pa$，700℃ 下为 $5.05×10^5 Pa$，而 1250℃ 下其蒸气压为 $7.97×10^7 Pa$，砷的蒸气压比锡大 10^8 倍，比铁的高 10^{10} 倍。基于此理论，真空处理脱砷成为可能。

于月光[52]理论推导得出 Sn、As 元素真空挥发过程的限制性环节为液相边界层中的扩散及液/气界面挥发反应混合控制。同时认为在氩气压力为 $4.0×10^4 Pa$ 条件下，Sn、As 在钢液/气相界面的挥发反应还可能包括元素本身的蒸发及其氧化物的挥发，但砷的挥发去除率不高。刘守平[53]经计算得出真空处理钢液时砷挥发速度的理论值是相当大的，证实钢液是完全可以实现真空脱砷的。当原始砷含量为 0.002%~0.008% 的钢液经真空脱砷处理后砷含量降至 0.001%~0.004%。

然而，实际生产过程中真空脱除砷的效果并不理想。1977 年真空冶金学会议[54]报道，钢液中的 Sn、Sb 和 As 含量随真空精炼时间没有发生变化，如图 1-16 所示。Wallen E[55]实验得出 65t AOD 炉生产过程中残余元素 Sn、Sb 和 As 含量随着冶炼时间增加而基本不变。孙彦辉[56]对炼钢全流程钢水中 As 含量统计显示，转炉到 RH 真空精炼过程，As 含量由 0.0066% 变为 0.0071%，砷含量几乎没变。

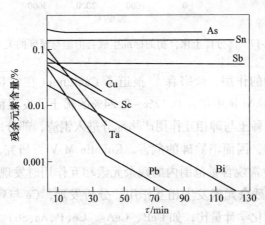

图 1-16 真空感应炉钢液中残余元素含量随熔炼时间变化的挥发情况

1.3.3 变质处理方法

CaO-CaF_2/CaC_2-CaF_2 渣系和钙合金对钢铁液脱砷可以起到一定效果，但由于诸如钢液增碳增硅，钙挥发损失严重，成本过高和难以控制等因素，尚不能在工业生产中应用。研究者们从稀土对钢中残余元素净化作用的角度开展相关研究。

图 1-17 为部分稀土化合物标准生成自由能与温度的关系图。炼钢温度范围内稀土化合物的生成顺序是 RE_2O_3-RE_2O_2S-RE_xS_y-RES-RE_x(As,Sn,Sb,Pb,Bi)$_y$-REN-REC_2。可以看出，稀土氧化物和稀土氧硫化物的生成自由能最低，其次是稀土硫化物，低熔点金属铅、锡、砷、锑等元素稀土化合物的自由能负值较小。只有体系中的氧、硫含量降低到一定程度时稀土才可能与残余元素发生反应。

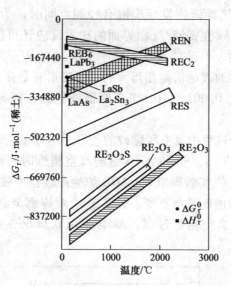

图 1-17　部分稀土化合物的标准生成自由能与温度的关系图

关于稀土与砷的作用，余宗森[57]报道了 Савицкий 在含 0.01% ~ 0.015% 砷的 30CrMnSi 和 18CrNi 钢中加入 0.12% ~ 0.24% 的稀土，发现稀土使钢中的砷含量下降。作者认为稀土与砷相互作用产物部分进入钢渣，部分成为结晶核心，处于树枝晶的枝干中，因而消除砷的危害。Kukhtin M V[58]研究 Cr-Ni 奥氏体钢中不同铈含量与钢中常规含量范围内的残余元素相互作用时发现，当 Ce 加入量达到 0.6% 时，Ce 与残余元素发生相互作用。分析发现，Ce 与残余元素原子浓度比接近已知化合物化学计量比，如 CeP、CeAs、Ce(P,As,Sb)。

李代钟[59]研究指出钢中砷含量为 0.005% 条件下，当 Re/(S+O) ≥ 4.2 时，就会生成 RE-P-As 夹杂物。李文超[60]分析表明，要想获得脱砷产物必须严格控制钢中的氧、硫含量，当满足([RE]+[As])/([O]+[S]) ≥ 6.7 时钢中才出现含砷稀土硫化物。另外，作者通过计算从热力学上证明了炼钢温度下不能生成单独的 CeAs，但可以生成脱砷产物（CeAs-CeS），CeAs 只可能在凝固过程中析出。计算得到的相关热力学数据列于表 1-10。

表 1-10　计算得到的 Ce-As 化合物热力学数据

方　程　式	$\Delta G^{\ominus}/\mathrm{J} \cdot \mathrm{mol}^{-1}$
[As] + [Ce] = CeAs(s)	$\Delta G^{\ominus} = -302040 + 237.2T$
2[Ce] + [S] + [As] = (CeAs·CeS)	$\Delta G^{\ominus} = -704540 + 358.6T$

冯赟[61]实验发现，La 与 As 既可直接化合生成 La-As 化合物，也可以氧化物为核心生成 La-As 化合物。两种夹杂物的线扫描发现，As 在夹杂物中的分布是不均匀的。加入的 La 因与 As 作用提高了实验钢的低温冲击韧性。同样，Gajewski M[62]研究混合稀土对 18Cr-9Ni 不锈钢的作用时也发现 As 并不是均匀存在于稀土夹杂物中，结果如图 1-18 所示。

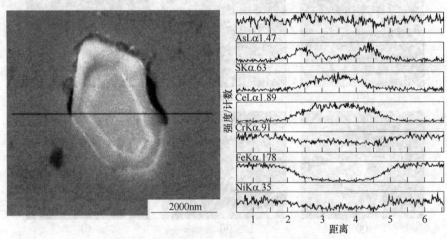

图 1-18　含砷稀土夹杂物 EPMA 线扫描结果

近几年，重庆大学王宏坡教授[63, 64]针对稀土 La 与残余元素 As 的相互作用生成含砷稀土夹杂物类型开展了较为详细的研究，其指出含砷稀土夹杂物有 La-S-As、LaAsO$_4$ 和 LaAs 等不同类型，并且易以优先生成的 La$_2$O$_2$S 等夹杂物为形核核心形成复合类夹杂物，另外含砷稀土夹杂物的类型受钢中初始 O、S、As 含量的显著影响。图 1-19 为 FIB 在线切割方法结合透射电镜电子衍射花样（SADP）确定的心部 La$_2$O$_2$S、外部 LaAsO$_4$ 型复合夹杂物。另外，其系列工作详细开展了砷及镧对高碳钢力学性能影响情况及机理，但对于高温热塑性和高温氧化性方面的研究涉及较少。

稀土因其独特的优势和较为低廉的成本具有极广泛的应用前景。虽然不少实验结果已经表明稀土与砷反应的可行性，但有关稀土与砷相互作用规律的基础性研究工作比较匮乏，尤其是铜砷共存体系下。稀土与砷相互作用产物的种类、物相结构和含砷稀土夹杂物的演变规律都有待进一步的实验加以证实。同时，有关含砷稀土夹杂物的生成机制——熔炼温度范围还是凝固过程生成也尚未很好的澄

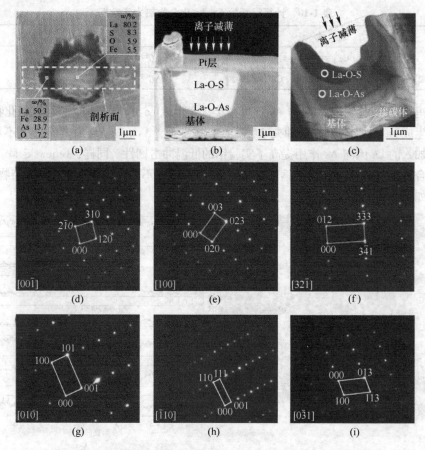

图1-19 La-O-S-As 型复合夹杂物的 SEM、TEM 及 FIB 形貌图和
相应夹杂物的电子衍射花样（SADPs）

（a）复合夹杂物 SEM 形貌图；（b）复合夹杂物 FIB-SEM 形貌图；（c）复合夹杂物 TEM 形貌图；
（d）~（f）外层 LaAsO$_4$ 相的 SADPs；（g）~（i）心部 LaO$_2$S$_2$ 相的 SADPs

清。除此之外，稀土添加后对于抑制或消除残余元素砷危害钢热塑性、高温热加工性和力学性能的综合效果及机理研究也未系统开展。因此，有必要系统、深入、全面地研究稀土与砷的相互作用规律和机制等问题，以便于控制稀土与砷反应发生的冶金学条件，得到合适种类的反应产物等，从而达到有效消除钢中残余元素砷危害性的目的。

1.4 技术的提出及意义

随着前期工业化进程中大量积蓄的钢铁材料其使用年限的到来，不远将来我国废钢产量会迅速增加，从资源回收、节能减排等多方面考虑必须充分利用这些废钢资源。而废钢资源的高效利用必将面临钢中残余有害元素的影响及如何有效消除这一科学难题。钢中残余元素主要指铜、锡、锑和砷等，这些元素氧势比铁低；一旦这些残余元素通过废钢进入钢水中，现阶段的炼钢工艺条件下很难经济有效地去除，常常大部分或全部残存于钢中。除一些特殊钢种，如耐候钢中的铜、铜合金化的 IF 钢、易切削钢和不锈钢中的锡等，残余元素大多被认为是钢中的有害元素。它们易于偏析、晶界偏聚和氧化富集等会恶化钢的热塑性、诱发钢表面热裂，严重影响钢铁冶金生产过程的顺行及最终钢铁产品质量。

虽然同为残余元素，但铜、锡、砷等单独或复合存在时对钢铁冶金生产工艺性能中热塑性、高温氧化性或热加工性影响各有侧重。单独铜主要引发轧制过程中钢的表面开裂（热加工性），单独锡、砷则主要危害钢的热塑性，很少涉及单独铜恶化钢热塑性或单独锡、砷危害钢热加工性的研究。而铜锡复合存在则会同时危害连铸过程钢的热塑性和后续轧制过程钢的热加工性。在废钢的循环再利用过程中，铜的存在往往是不可避免的，而锡和砷的含量或高或低。铜锡复合影响钢热塑性、高温氧化性或热加工性的研究已屡见报道。然而铜砷复合时，目前无论是对单方面还是多方面性能影响的基础工作较少，需要开展相关基础研究。铜砷复合对钢热塑性和热加工性的影响可能会与铜锡复合时不同，不能一概而论，尚需系统实验求证以揭示铜砷复合对钢热塑性、高温氧化性和热加工性各种尚未明了的危害机制，从而为连铸和轧制过程工艺控制提供科学决策依据。

为减轻或消除残余元素对钢铁生产过程工艺性能的危害，冶金工作者们已进行大量探索性研究，其大多致力于残余元素的脱除，但效果不尽如人意。而通过改变钢中残余元素的赋存形式即变质处理来消除其危害的方法具有深远意义。其中，钢中添加镍（合适的镍/铜比）来改善含铜或含铜锡钢热脆性的效果较为显著，其改善机制也已基本达成共识。另外，研究表明钢中添加硅或磷元素等也能一定程度上改善铜所引起的热脆性。然而，添加镍、硅元素改善残余元素恶化钢热塑性的结果未见报道。而对于磷元素，虽然添加磷能够改善含锡低合金钢的热塑性，但磷易导致钢的冷脆而钢种一般限定磷含量，也难以通过提高磷含量来消除残余元素对钢热塑性的危害。硼作为易晶界偏聚元素，改善残余元素铜锡危害钢热塑性的结果也见报道，但其在抑制铜锡引发钢表面开裂方面还未有印证。而稀土除了具有类似硼的晶界竞争偏聚作用外，钢中较高含量稀土还可与低含量残余元素锡、砷相互作用生成化合物，这一特性是钢中添加硼元素所不具有的。目前稀土与残余元素相互作用的可行性已见报道，但稀土与砷的相互作用规律还有待更系统深入地研究，例如含砷稀土夹杂物的种类、物相结构和生成机制等问题。虽然添加稀土改善含锡（锑）钢热塑性的良好结果也已被报道，但这些研究单方面注重稀土晶界竞争偏聚或稀土与残余元素反应改善残余元素恶化钢热塑性的作用，而很少同时关注稀土晶界竞争偏聚和稀土与残余元素反应两者的共同作用。

　　稀土在提高钢或合金抗氧化性能方面的效用不容否认，其主要是稀土能够影响氧化膜生长状况和氧化膜与基体结合状态。添加稀土后钢抗氧化性的提高将会改善铜砷引发的钢表面热裂问题。氧化性的提高，换言之，氧化增重的减少，意味着氧化层与基体界面处氧势较铁低的铜砷氧化富集量减少，从而直接浸润晶界的富铜液相数量减少；此外，界面处氧化富集的砷含量也将降低，反过来又影响富铜液相的熔点、富铜液相浸润晶界的能力等。另外，钢中添加稀土后，还可改变各组元活度，影响元素的选择性氧化；同时稀土能够变质夹杂，净化晶界等。稀土的这些作用有望改变钢中残余元素铜砷的氧化富集行为进而抑制或消除铜砷诱发钢表面开裂的问题，但探明何种作用是稀土抑制铜砷诱发钢表面开裂的机制需要更为系统的科学实验。

　　从目前所报道及理解的稀土在钢中一些效用和作用机理来看，利用稀土同时改善残余元素铜砷危害钢热塑性、热加工性是极具潜力的。但针对稀土同时改善含铜砷钢热塑性和热加工性的基础问题研究较少，系统科学的改善机理待进一步认识。另外，作为钢铁产品用户端关心的力学性能，类金属的砷对钢力学性能的危害情况并不明了，同时添加稀土后尤其是大量生成含砷稀土夹杂物后对于力学性能的利弊也未可知。我国稀土资源丰富，开展稀土变质处理残余元素能够充分发挥我国的资源优势。此外，对为获得某些性能而添加一定量稀土的低残余铜砷含量水平的高级别钢种也具现实意义。

2 不同铜含量水平下砷对钢热塑性的影响

铸坯的表面质量和内部缺陷与钢的热塑性密切相关。在废钢的循环再利用过程中，铜的存在是不可避免的，同时伴随有或多或少的残余元素锡（Sn）、锑（Sb）或砷（As）。另外，随着国内钢铁生产企业为降本增效而逐步使用复杂铁矿资源，残余元素的危害问题日益凸显[65~68]。针对残余元素 Cu+Sn、Cu+Sn+Sb、Cu+Sn+As 复合等对钢热塑性的危害研究已屡见报道[69~71]，并证实 Sn 的晶界偏聚为热塑性恶化的原因。虽然 Sn、As 同为残余元素，但 Sn、As 对钢的热塑性影响可能不同，不能一概而论。目前，铜砷复合对钢热塑性的危害有多大贡献还不清楚，仍需要开展相关研究，以揭示铜砷复合对钢热塑性的危害机制，从而为连铸过程工艺控制提供科学决策依据。

本节拟采用 Gleeble 热/力模拟实验机系统研究砷含量变化对不同铜含量水平下钢热塑性凹槽宽度和塑性低谷温度的影响情况，以此掌握砷含量影响含铜砷钢热塑性的规律，并结合热拉伸断口横截面显微组织、断口形貌及元素晶界偏聚等分析铜砷协同作用影响钢热塑性的机理。

2.1 实验材料与方法

基于废钢资源循环过程钢中可能的铜砷含量，设计 0.17% 和 0.22% 两个铜含量水平的实验钢，研究不同砷含量变化对钢热塑性的影响规律。实验钢铸锭的冶炼采用 10kg 的 ZG-0.01 型真空感应熔炼炉制备，获得的铸锭经 1150℃ 均质 2h 后热锻成 ϕ15mm 的圆棒，锻后空冷。表 2-1 为含铜砷实验钢的化学成分分析结果。

表 2-1 含铜砷实验钢化学成分（质量分数）　　　　　　　（%）

序号	C	Si	Mn	S	P	Al$_t$	T.O	N	Cu	As	Fe
1	0.14	0.30	1.35	0.0035	0.0039	0.0018	0.0024	0.0028	0.16	—	余量
2	0.13	0.31	1.38	0.0033	0.0045	0.0022	0.0026	0.0023	0.17	0.04	余量
3	0.14	0.29	1.36	0.0030	0.0040	0.0020	0.0025	0.0031	0.17	0.10	余量
4	0.14	0.31	1.36	0.0031	0.0043	0.0022	0.0027	0.0027	0.17	0.15	余量
5	0.14	0.31	1.39	0.0032	0.0052	0.0021	0.0027	0.0038	0.22	—	余量
6	0.14	0.31	1.35	0.0034	0.0025	0.0025	0.0031	0.0040	0.22	0.04	余量
7	0.14	0.32	1.37	0.0031	0.0047	0.0024	0.0036	0.0041	0.22	0.09	余量

高温热拉伸试验采用 Gleeble-3800 热/力模拟机（美国纽约 DSI 公司），热塑性试样尺寸为 ϕ10mm×120mm，如图 2-1 所示。热拉伸实验试样热履历过程如图 2-2 所示，具体为：首先试样以 10℃/s 的速度加热至 1330℃并保温 300s，其目的主要是形成近似于连铸坯凝固后的粗大晶粒，然后试样以 3℃/s 冷却至 700~1100℃范围内不同温度（50℃一个间隔），保温 180s 后，以应变速率 $10^{-3}/s$[8] 进行热拉伸，直至失效。热拉伸断裂后，为保留断口原始组织，拉断后的断口立即充入氩气淬火。

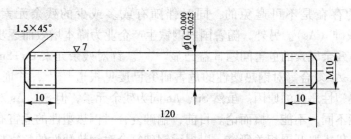

图 2-1 热拉伸试样尺寸示意图

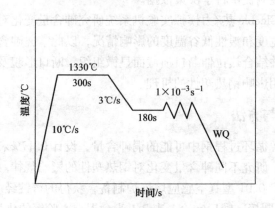

图 2-2 热模拟热履历示意图

为进一步研究砷含量变化对先共析铁素体形成的影响规律，采用 DIL850 型热膨胀仪开展研究。热膨胀仪测定试样的尺寸为 ϕ4mm×10mm。为增强结果的参考性，热膨胀测试时试样的热履历过程与 Gleeble-3800 热塑性测定时相同，试样以 3℃/s 的冷却速率由 1330℃降至 700℃，保温 180s 后直接淬火。

实验钢热塑性的优劣以断面收缩率（RA）来衡量，热塑性断口形貌采用 JSM-6510 型扫描电镜观察，热塑性试样的纵截面显微组织和热膨胀试样的显微组织经 4%（体积分数）硝酸酒精溶液侵蚀后采用 AXIO VERT A1 金相显微镜分析，热膨胀实验中先共析铁素体的面积分数是 5 张 50 倍下的金相显微组织图片统计获得，元素的晶界偏聚分析采用 Tecnai G2 F30 STWIN 透射电子显微镜。透

射电镜试样的制备采用双喷电解法制备，双喷电解是在5%（体积分数）高氯酸
酒精溶液、双喷电压和电流分别为30V和25mA及−25℃条件下进行的。在元素
晶界含量分析时，为保证结果的准确性，每个晶界上随机抽取5个点检测Cu和
As的含量，取得数据的平均值作为测定结果。

2.2 不同铜含量水平下砷含量对热塑性曲线的影响

图2-3为不同铜含量水平下砷含量对钢热塑性曲线的影响结果。可以看出，
整体而言，无论是0.17%Cu还是0.22%Cu含量水平，随着钢中砷含量的增加，
钢的热塑性越来越恶化，具体表现为随着砷含量增加钢的热塑性低谷温度逐渐向
高温方向移动，塑性凹槽的温度范围逐渐增宽，同时在塑性凹槽温度范围内，
RA值随着砷含量增加呈降低趋势。

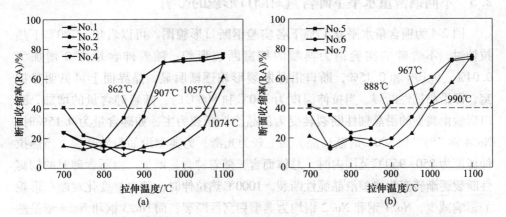

图2-3 700~1100℃温度范围内砷含量对不同铜含量水平实验钢热塑性的影响

（a）0.17%Cu；（b）0.22%Cu

对于含0.17%Cu的实验钢（No.1~No.4钢），随着砷含量由0增加为
0.04%、0.10%和0.15%时，热塑性低谷对应温度由800℃逐渐变为850℃和
950℃。倘若以40%的断面收缩率值作为连铸矫直过程中热裂纹敏感区的临界阈
值[72]。则当砷含量为0时，塑性凹槽温度范围为700~862℃，其塑性凹槽的上
限温度为862℃；随着砷含量继续增加为0.04%、0.10%、0.15%时，塑性凹槽
上限温度增加为907℃、1057℃和1074℃（其他砷含量钢种塑性凹槽下限温度由
图2-3中未能得出）。对于含0.22%Cu的实验钢（No.5~No.7钢），随着砷含量
由0增加为0.04%，0.09%时，热塑性低谷对应温度由800℃增加为850℃和
900℃，其塑性凹槽的上限温度由888℃增加为967℃和990℃。

通过对比含0.17%Cu和含0.22%Cu两组实验钢的热塑性凹槽上限温度可以
看出，当砷含量为0时，塑性凹槽上限温度随着Cu含量由0.17%增加分别由

860℃增加为886℃（No.1钢和No.4钢）；当砷含量为0.04%，塑性凹槽上限温度则由907℃增加为967℃（No.2钢和No.5钢），这表明高Cu含量水平也会相应增加钢热塑性的恶化。这里需要指出的是，这一结论在砷含量进一步增加时并不明确（No.3钢和No.7钢），其可能的原因是冶炼造成No.3钢（0.10%As）较No.7钢（0.09%As）中砷含量高。正如上述，较高的砷含量引发塑性凹槽向高温移动，因此No.3钢的热塑性凹槽上限温度1057℃高于No.7钢的上限温度990℃。另外，对于含0.17%Cu的实验钢，当砷含量由0增加为0.04%时（No.1钢和No.2钢），热塑性出现差别性降低的温度为950℃以下，即950~1100℃的热塑性没有影响；而对于含0.22%Cu的实验钢，随着砷含量由0增加为0.04%，1050℃以下温度则出现热塑性的差别性降低。因此，综合来看，对于高Cu含量的钢，其较低的砷含量即能够明显恶化热塑性。

2.3 不同铜含量水平下砷含量对断口形貌的影响

图2-4为铜含量水平0.17%下各实验钢断口形貌图。可以看出，700℃下热拉伸时，不含砷的实验钢为典型的韧窝断裂形貌；随着砷含量由0增加为0.04%、0.10%和0.15%，断口沿晶断裂形貌逐渐明显，晶界面上可见明显韧窝，即沿晶韧性断裂。当拉伸温度为750℃和800℃时，随着砷含量的增加，断口形貌由典型的沿晶韧性断裂转变为沿晶脆性断裂为主，如砷含量为0.15%时，No.4钢750℃和800℃时断口晶界面上较为光滑，为典型沿晶脆性断裂。当热拉伸温度为850~950℃范围内时，总体而言，随着砷含量增加，由不含砷时的韧窝性断裂逐渐转变为典型沿晶脆性断裂。1000℃热拉伸时，砷含量变化对断口形貌的影响减少，No.1钢和No.2钢均为典型韧窝性断裂，而No.3钢和No.4钢虽然开始呈现一定韧窝特性，但撕裂棱仍比较明显，呈部分沿晶脆性断裂特性。

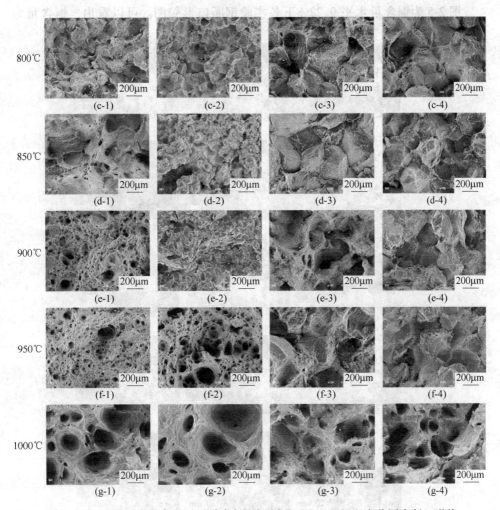

图 2-4　0.17%Cu 含量水平下不同砷含量实验钢 700~1000℃温度范围内断口形貌

　　这里需要指出的是，从表征热塑性恶化更为严重的沿晶脆性断裂形貌角度分析（主要 850~950℃温度范围），相比于不含砷的 No.1 钢，含砷 0.04% 的 No.2 钢沿晶脆性断裂特性并不明显，而当钢中砷含量增加为 0.10% 和 0.15%，两种钢断口的沿晶脆性断裂特性变得凸显。换言之，当砷含量达到 0.10% 时，断口形貌的差异化较大，这一点与图 2-3（a）中热塑性明显恶化是从 No.3 钢开始相一致。当然，砷含量为 0.10% 的 No.3 钢和砷含量为 0.15% 的 No.4 钢其沿晶脆性断裂存在的温度范围也有差异。对于 No.3 钢，850℃下的沿晶脆性断裂特性最为明显，随着拉伸温度增加为 900℃ 和 950℃，其断口形貌逐渐转变为沿晶脆性断裂+韧窝型断裂的混合断口形貌；对于 No.4 钢，850~950℃整个温度范围都是以沿晶脆性断裂为主的断口形貌。

图 2-5 为铜含量水平 0.22% 下各实验钢断口形貌图。可以看出，铜含量为

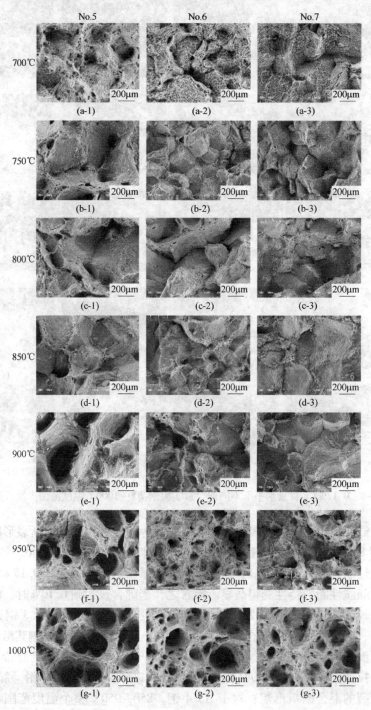

图 2-5 0.22%Cu 含量水平下不同砷含量实验钢 700~1000℃温度范围内断口形貌

0.22%时砷含量变化对钢断口形貌的影响规律与铜含量为0.17%时有相似的规律。700℃下,不含砷的实验钢脆性的撕裂棱周边可见明显的细小韧窝,为韧窝断裂+沿晶韧性断裂的混合型断口形貌;随砷含量增加,断口形貌转变为典型的沿晶韧性断裂形貌。750℃和800℃下断口形貌由不含砷的沿晶韧性断裂为主+少量韧窝断裂转变为典型的沿晶韧性断裂。850℃下,随砷含量由0增加为0.09%,断口形貌由沿晶脆性断裂为主+少量韧窝断裂转变为沿晶脆性断裂为主。900℃下,不含砷的实验钢断口可观察到明显的大而深的韧窝,为典型韧性断裂,随砷含量增加为0.04%和0.09%时,断口形貌向沿晶脆性断裂为主+少量韧窝断裂和完全沿晶脆性断裂形貌转变。950℃下,砷含量为0时,断口为典型韧性断裂,随砷含量增加,断口形貌除部分韧窝断裂形貌外,沿晶脆性断裂形貌仍然可见,尤其是砷含量为0.09%的No.7钢。1000℃下,随着砷含量增加断口形貌有细微差别,No.5钢呈明显大而深的韧窝断裂特性,而No.7钢除韧窝特性外,也呈现一定沿晶断裂。

通过对比两个铜含量水平下砷含量均为0.04%时实验钢的断口形貌可以看出,850℃和900℃下,铜含量为0.22%的No.6钢断口沿晶脆性断裂特性(图2-5(d-2),(e-2))较铜含量为0.17%的No.2钢(图2-4(d-2),(e-2))更为明显,这意味着No.6钢的热塑性会差于No.2号相应温度下的热塑性,与图2-3中观察到的RA值结果相符。这也说明,相同的砷含量对于高铜含量钢种的热塑性更具危害性。

2.4 不同铜含量水平下砷含量对断口纵截面显微组织的影响

图2-6和图2-7分别为铜含量水平为0.17%和0.22%下各实验钢纵截面显微组织图。可以看出,两种铜含量水平下,显微组织均可分为两个不同的区域:700~800℃温度范围内的沿晶先共析铁素体组织形成区和850℃以上未形成沿晶先共析铁素体组织区。

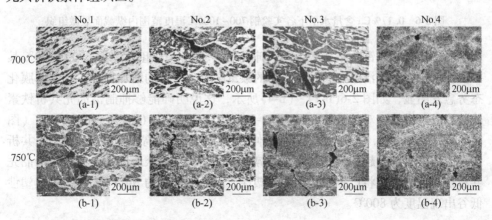

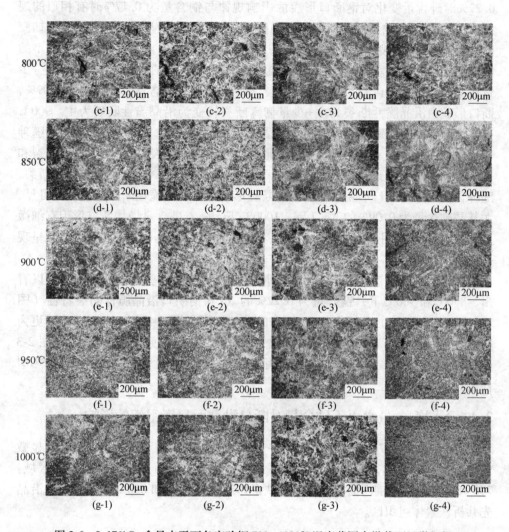

图 2-6   0.17%Cu 含量水平下各实验钢 700~1000℃温度范围内纵截面显微组织

通过比较同一铜含量水平下不同砷含量实验钢显微组织发现，700~800℃某一温度下拉伸时，沿晶先共析铁素体的数量随着砷含量的增加而减少，其薄膜化态势愈发明显，如图 2-6(b-1)~(b-4)所示，这说明砷能够抑制沿晶先共析铁素体的形成。另外，对于 No.1 钢（图 2-6（a-1），(b-1)，(c-1)）和 No.5 钢（图 2-7（a-1），(b-1)，(c-1)），随着拉伸温度由 700℃提高到 800℃，沿晶先共析铁素体的数量越来越少，其薄膜化趋势也越来越明显。众所周知，薄膜状沿晶先共析铁素体的形成将严重恶化钢的热塑性，因而不含砷的 No.1 和 No.5 钢热塑性低谷出现温度为 800℃。

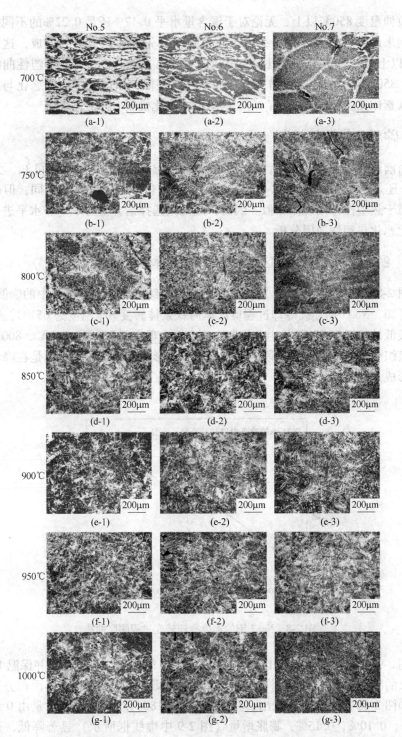

图 2-7　0.22%Cu 含量水平下不同各实验钢 700~1000℃温度范围内纵截面显微组织

拉伸温度 850℃ 以上，无论对于铜含量水平 0.17% 还是 0.22% 的不同砷含量实验钢来说，纵截面显微组织均未观察到沿晶先共析铁素体的形成，这预示着 850℃ 以上拉伸时钢的高温组织为奥氏体单相区。结合图 2-3 的热塑性曲线可以看出，850℃ 以上，砷含量增加会降低钢的热塑性，而此时塑性的恶化与沿晶先共析铁素体无关，因此必然存在其他可能的脆化机制。

2.5　砷恶化热塑性机制

由前述热塑性曲线、断口形貌及纵截面显微组织观察分析可知，无论是 0.17% 还是 0.22%Cu 含量水平，虽然砷含量变化影响程度有所不同，但砷含量变化对于热塑性作用规律相似。因而，此处只选择铜含量为 0.17% 水平进行砷含量变化恶化热塑性原因分析。

2.5.1　铁素体+奥氏体两相区沿晶先共析铁素体的抑制

图 2-8 为 No.3 钢以 3℃/s 冷速由 1330℃ 连续冷却至室温过程中的膨胀曲线。由图可知，No.3 钢连续冷却过程奥氏体向铁素体转变 Ar_3 温度为 651℃，低于实验中最低拉伸温度 700℃。由此推断，图 2-6 中观察到 700℃、750℃、800℃ 下铁素体组织应在其相应等温阶段或后续的拉伸变形过程中形成，而不是在降温冷却阶段形成。

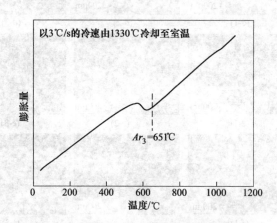

图 2-8　No.3 钢的连续冷却转变过程膨胀曲线

图 2-9 为 No.1~No.4 钢以 3℃/s 的速度由 1330℃ 冷却到 700℃ 并保温 180s 然后淬火的膨胀曲线，淬火试样相应的显微组织及沿晶先共析铁素体面积分数统计结果如图 2-10 所示。可以看出，在 700℃ 保温 180s 阶段，随 As 含量由 0 增加到 0.04%、0.10%、0.15%，膨胀增量（图 2-9 中虚线框所示）显著降低，这表明铁素体的生成量逐渐减少。

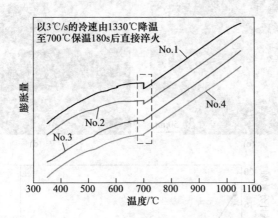

图 2-9　No.1～No.4 钢 700℃保温 180s 过程的等温膨胀曲线

　　结合图 2-10 显微组织形貌观察可以看出，生成的铁素体主要为沿晶先共析铁素体。进一步统计分析表明，随 As 含量由 0 增加到 0.04%、0.10%、0.15%，沿晶先共析铁素体的面积分数由 17.46%分别下降至 7.26%、4.54%、2.59%。膨胀增量和显微组织共同分析得出，砷的增加抑制了实验钢沿晶先共析铁素体的形成。因此，在含高砷钢中会形成更薄的沿晶先共析铁素体，其对热塑性的危害性更为严重，进而导致铁素体+奥氏体两相区热塑性随着砷含量增加而较差。需要指出的是，700℃时等温热膨胀实验中（图 2-10）沿晶先共析铁素体的数量及厚度明显低于热拉伸过程（图 2-6(a-1)～(a-4)）；另外，在 No.1 钢中甚至出现一些晶内块状铁素体，两个实验中铁素体量出现差异可能与热拉伸过程中应力诱导相变析出铁素体有关。

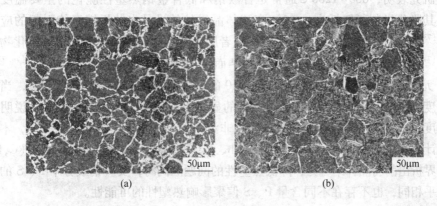

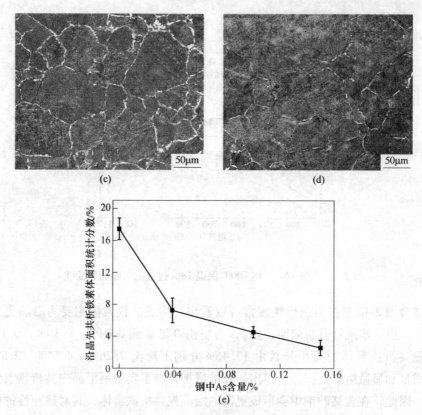

图 2-10 1300℃以 3℃/s 冷却至 700℃保温 180s 淬火后热膨胀试样显微组织形貌及沿晶铁素体面积分数统计结果

(a) No.1 钢；(b) No.2 钢；(c) No.3 钢；(d) No.4 钢；(e) 沿晶铁素体面积分数

2.5.2 动态再结晶的抑制及奥氏体单相区铜、砷的晶界偏聚

研究表明，600~1200℃通常是普碳钢和低合金钢热塑性脆化的主要温度区域，其脆化机制可概括为：（1）奥氏体晶界处的沿晶先共析铁素体引起的应力集中[73]；（2）铁素体/奥氏体相界面或者原奥氏体晶界 Nb、V、Ti 等碳氮化物的析出[74, 75]；（3）铁素体/奥氏体相界面或原奥氏体晶界的元素偏聚[76, 77]；（4）元素动态再结晶抑制[78]。由图 2-10 的显微组织可知，同等铜含量下，当拉伸温度高于 850℃时，所有含砷实验钢的显微组织均处于奥氏体单相区。说明在此温度以上，奥氏体单相区热塑性恶化非沿晶先共析铁素体引起的。另外，本实验设计的钢成分中不含微合金化元素 Nb、V、Ti，因此不存在 (Nb,V,Ti)(C,N) 在晶界析出削弱晶界结合力，降低热塑性的问题。同时，实验钢成分中 P、S 的含量几乎相同，也不存在不同含量 P、S 偏聚影响热塑性的可能性。

图 2-11 为铜含量水平为 0.17% 下 No.1～No.4 实验钢热拉伸过程中应力-应变曲线。可以看出，对于 No.1 钢和 No.2 钢，850℃下热拉伸时应力达到峰值后立即发生断裂，而 900℃时，热拉伸时应力达到峰值后缓慢下降并出现应力波动现象；而对于 No.3 钢和 No.4 钢，1000℃下热拉伸时才出现应力达到峰值而后缓慢下降且应力波动现象。应力-应变曲线分析结果表明，铜含量为 0.17% 的实验钢中，当砷含量达到 0.10% 时将会明显抑制动态再结晶的发生，从而恶化钢的热塑性。

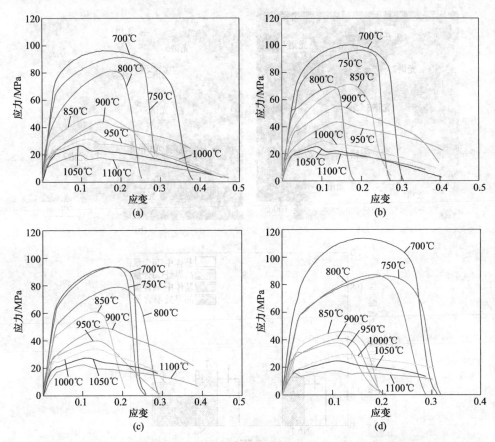

图 2-11 铜含量水平为 0.17% 下不同砷含量 No.1～No.4 实验钢
700～1100℃热拉伸过程应力-应变曲线
(a) No.1 钢；(b) No.2 钢；(c) No.3 钢；(d) No.4 钢

另外，不少研究已证实含 Sn/Cu+Sn 钢中会发生残余元素 Sn/Cu+Sn 的晶界偏聚，弱化晶界，降低晶界的结合力，对钢的热塑性不利。虽然有关 Cu+As 这方面的报道较少，但结合同类型的 Sn/Cu+Sn 的结果[79, 80]，并考虑 Sn 和 As 同为残余元素的特性，As 应该能够产生晶界偏聚，从而削弱晶界结合力，致使奥氏体单相区的热塑性恶化。图 2-12 为 No.1 钢和 No.3 钢典型晶界 TEM 形貌图和晶界、基体中 Cu 和 As 含量的 EDS 分析结果。分析表明，No. 3 钢测得基体中 As 含量为 0.17%，而晶界处 As 含量为 0.25%，晶界处 As 含量为基体中 As 含量的 1.47 倍，砷在晶界发生偏聚。另外，发现 No.1 钢和 No.3 钢晶界铜含量也高于晶内铜含量，说明铜也存在一定的晶界偏聚，这可能是在相同砷含量下，铜含量水平由 0.17%提高到 0.22%时，热塑性恶化更为严重的原因。综上，砷抑制动态再结晶的发生及砷的晶界偏聚共同导致了奥氏体单相区热塑性的恶化。

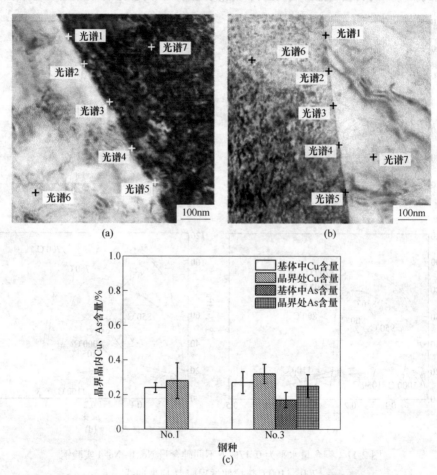

图 2-12 No.1 钢和 No.3 钢中典型晶界 TEM 照片及晶界处铜砷含量 EDS 分析
（a）No.1 钢晶界形貌；（b）No.3 钢晶界形貌；（c）两种钢晶界晶内 Cu、As 含量

2.6 本章小结

本章详细研究了 0.17%和 0.22%两个铜含量水平下砷含量变化对热塑性影响情况，利用 TEM、膨胀仪结合应力-应变曲线及显微组织情况分析残余元素砷对

钢热塑性产生危害的机理，其主要结论如下：

（1）无论钢中铜含量是0.17%还是0.22%，随着砷含量的提高，实验钢的热塑性损失明显增加，其表现为增加钢的塑性低谷温度和脆性区间的上限温度。对于砷含量同为0.04%的含0.17%Cu和0.22%Cu钢，其在含0.22%Cu钢中对热塑性的恶化程度要严重于含0.17%Cu钢中。

（2）断口形貌分析发现，随着砷含量的增加，700~850℃内的实验钢断口由沿晶韧性断裂向沿晶脆性断裂转变，900~950℃内的断口由韧窝状断裂向完全沿晶脆性断裂转变；1000℃以上，无论砷含量如何，所有断口均为典型的大而深的韧性断裂。

（3）显微组织显示，700~800℃内，先共析铁素体沿原奥氏体晶界形成，表明此温度范围处于奥氏体+铁素体两相区，并且薄膜状先共析铁素体的厚度随着砷含量增加而逐渐变薄；而850℃以上，所有钢的显微组织都位于奥氏体单相区。

（4）热膨胀曲线结合显微组织观察表明，奥氏体+铁素体两相区的热塑性恶化的原因是砷含量增加抑制沿晶先共析铁素体的形成；应力应变曲线及透射电镜分析表明，砷抑制动态再结晶发生及砷的晶界偏聚导致奥氏体单相区热塑性变差。

3 不同铜含量水平下砷
对钢高温氧化及热裂性的影响

就影响钢铁冶金生产过程顺行较为关心的高温热塑性和热加工性而言，残余元素 Cu+Sn、Cu+Sn+Sb 或 Cu+Sn+As 除了危害钢热塑性外还会影响钢的热加工性。目前，残余元素 Cu+Sn(+As)危害钢热加工性的研究已开展不少[81,82]，然而针对铜砷复合对钢热加工性的研究较少。另外，Yin L[30] 比较了 1150℃ 等温氧化情况下锡（Sn）、锑（Sb）和砷（As）诱发 Fe-0.30%Cu 合金中富铜液相浸润晶界的程度。结果发现：相比于 Fe-0.30%Cu-0.10%Sn、Fe-0.30%Cu-0.10%Sb 三元系合金，Fe-0.30%Cu-0.10%As 合金中未发现富铜液相浸润晶界的特性。从同为残余元素的物理化学性质角度考虑，As 应该能够像 Sn 一样具有引发液相铜浸润晶界的能力，然而目前砷引发富铜液相浸润晶界的报道还很少，缺乏针对不同铜含量水平下砷含量影响钢中铜砷氧化富集规律的研究工作。

本节承接铜砷危害钢热塑性研究的基础上，继续开展铜砷对热加工性的影响研究，以期掌握铜砷同时危害钢热塑性和热加工的情况。首先从氧化动力学、氧化层形貌、氧化层与基体界面的内部氧化和铜砷氧化富集等方面系统研究铜砷对钢等温氧化性的影响规律。考察不同铜含量水平下砷含量、氧化温度等影响钢中铜砷氧化富集的情况，并结合相图等分析铜砷含量变化影响含砷富铜液相浸润晶界的机理。然后，在上述等温氧化实验的基础之上，利用 Gleeble 热/力模拟试验机进一步模拟研究轧制过程中铜砷含量影响钢热裂的规律，以便掌握不同铜砷含量水平下铜砷诱发钢开裂的实际情况。

3.1 实验材料与方法

3.1.1 等温氧化实验

等温氧化动力学采用挂丝热重法研究。氧化试样的尺寸为 15mm×8mm×4mm（长×宽×厚），并在 15mm×8mm 宽面端部钻取 φ2mm 小孔便于单伯铑丝悬挂试样。氧化实验之前，试样经颗粒粒度为 38μm 的 SiC 砂纸打磨后于丙酮+酒精溶液中超声波清洗以便消除杂质与油污。氧化实验的温度分别为 1000℃、1050℃、1100℃ 和 1150℃，氧化过程试样的重量采用精度为 1mg 的热重天平通过计算机实时记录重量数据（30s 一个间隔）。具体实验步骤如下：于高纯氩气气氛下空炉加热至预定氧化温度，保温 10min，待温度稳定，氧化试样放入炉内恒温区，均热 10min 后，切换为流量为 500mL/min 的空气，氧化 7200s 后停止记录数据，并切换为高纯氩气。此时，氧化试样缓慢提出炉膛，以防止氧化皮因温度骤降而爆裂或脱落，氧化试样出炉后空冷。等温氧化实验设备装置示意图如图 3-1 所示。

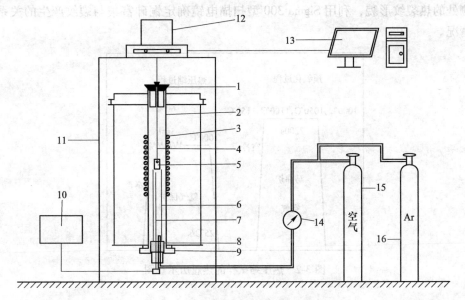

图 3-1　热重氧化实验装置示意图

1—炉盖；2—炉管；3—钼丝线圈；4—铂丝；5—氧化试样；6—刚玉托管；7—热电偶；
8—泡沫氧化铝托塞；9—炉管托盘；10—温度控制仪；11—支架；12—热天平；13—计算机；
14—转子流量计；15—空气；16—高纯氩气

　　氧化实验结束后，氧化试样采用环氧树脂冷镶以保护氧化层结构。冷镶试样经颗粒粒度为 38μm、15μm、10μm、6.5μm 的 SiC 砂纸研磨、抛光和 1%（体积分数）盐酸酒精溶液腐蚀后展现不同氧化层的结构。利用 AXIO VERT A1 型金相显微镜观察氧化层纵截面的微观结构，并采用 D8 ADVANCE 型 X 射线衍射仪确定氧化层的物相类型。XRD 测试采用铜靶（$\lambda = 0.154059nm$），2θ 扫描范围为 $10° \sim 80°$，扫描步长 0.02°，扫描速度 10°/min。冷镶试样表面喷金处理后，利用 Sigma 300 型扫描电镜观察与分析铜砷在氧化层与基体界面处的富集情况。

3.1.2　模拟热压缩实验

　　为评估铜砷富集对钢热裂情况的影响，同时验证等温氧化实验中铜砷富集规律的正确性，开展模拟热压缩实验。采用的试样为 $\phi 10mm \times 15mm$ 的圆棒。模拟热压缩实验的热履历及热压缩试样制备过程分别如图 3-2 和图 3-3 所示。热压缩试验开始前，试样先进行预氧化处理，即利用马弗炉将试样在热重试验的

1000℃、1050℃、1100℃和1050℃氧化温度下氧化7200s。然后，预氧化试样采用Gleeble-3800热/力模拟机在1000℃、应变速率5s⁻¹及应变量为60%条件进行压缩，整个过程氩气气氛保护以防止试样的进一步氧化。热压缩后试样沿鼓肚中间切开、冷镶、打磨、抛光，采用AXIO VERT A1型金相显微镜观察试样基体边侧处的热裂纹形貌，利用Sigma 300型扫描电镜确定铜砷富集与裂纹产生的关系情况。

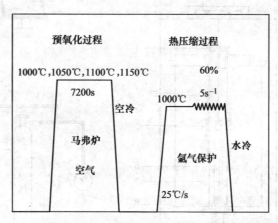

图3-2 热压缩试样的热履历示意图

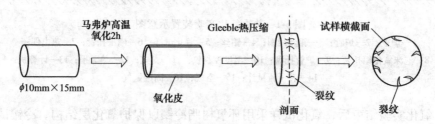

图3-3 热裂实验试样制备流程图

3.2 不同铜含量水平下砷含量对氧化动力学的影响

3.2.1 氧化动力学规律及氧化增重量

钢的高温氧化行为受动力学因素控制，因此研究氧化动力学曲线很有必要。单位面积上氧化增重量与时间的氧化动力学关系可由下列公式表示[83]：

$$\Delta W/A = k_1 t \tag{3-1}$$

$$(\Delta W/A)^2 = k_p t + c \tag{3-2}$$

式中，$\Delta W/A$ 为单位面积上氧化增重量，mg/mm^2；k_1 为线性氧化速率常数，$mg/(mm^2 \cdot s)$，k_p 为抛物线氧化速率常数，$mg^2/(mm^4 \cdot s)$；t 为氧化时间，s；c 为常数。

图 3-4 和图 3-5 分别为铜含量水平为 0.17% 和 0.22% 时不同砷含量实验钢氧化动力学曲线及不同氧化阶段的相应拟合结果。通过氧化动力学曲线针对不同氧化阶段拟合获得的线性氧化速率常数 k_l 和抛物线氧化速率常数 k_p 分别列于表 3-1 和表 3-2 中。单由动力学曲线中单位面积氧化增量 $\Delta W/A$ 可以看出，两种铜含量水平实验钢于 950～1150℃ 范围内，相同氧化温度氧化 7200s 后，实验钢 $\Delta W/A$ 值基本上随着砷含量增加而增加，意味着砷含量的增加会加剧钢的氧化。

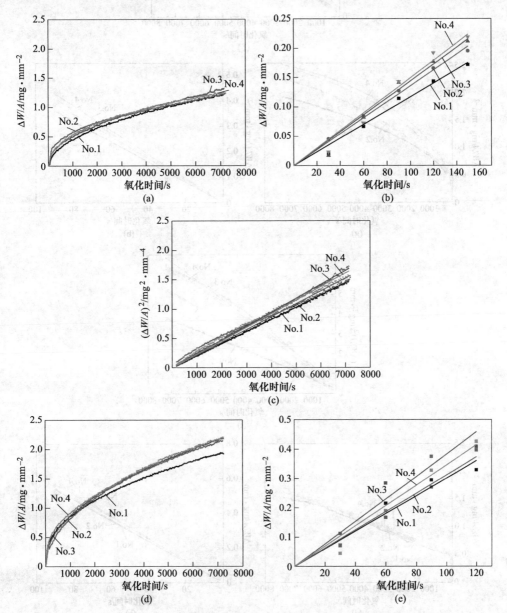

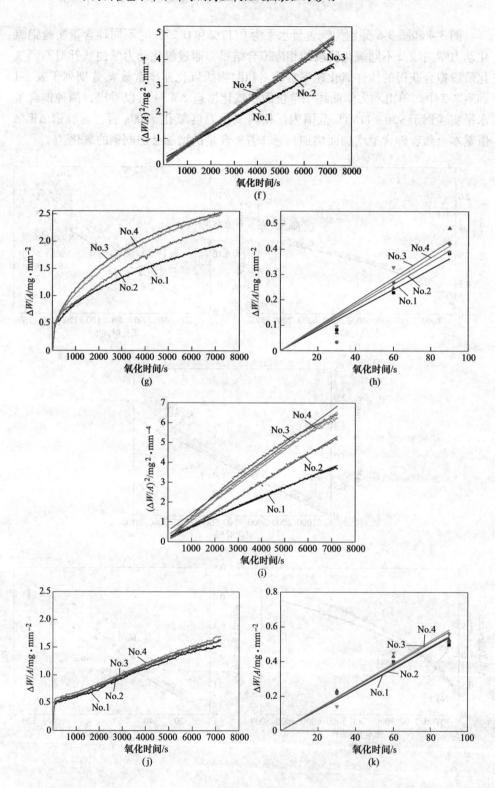

(f)

(g)

(h)

(i)

(j)

(k)

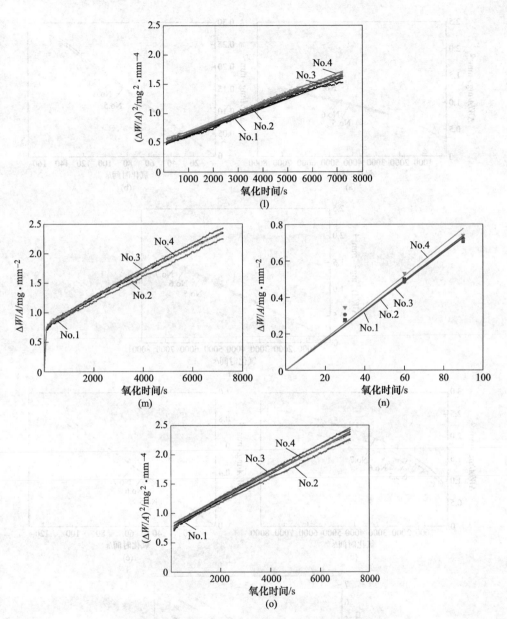

图 3-4　铜含量水平 0.17% 时 No.1~No.4 钢不同温度下氧化
7200s 的等温氧化动力学曲线及不同氧化阶段的拟合结果

(a) 950℃-氧化动力学曲线；(b) 950℃-直线段拟合；(c) 950℃-抛物线段拟合；

(d) 1000℃-氧化动力学曲线；(e) 1000℃-直线段拟合；(f) 1000℃-抛物线段拟合；

(g) 1050℃-氧化动力学曲线；(h) 1050℃-直线段拟合；(i) 1050℃-抛物线段拟合；

(j) 1100℃-氧化动力学曲线；(k) 1100℃-直线段拟合；(l) 1100℃-抛物线段拟合；

(m) 1150℃-氧化动力学曲线；(n) 1150℃-直线段拟合；(o) 1150℃-抛物线段拟合

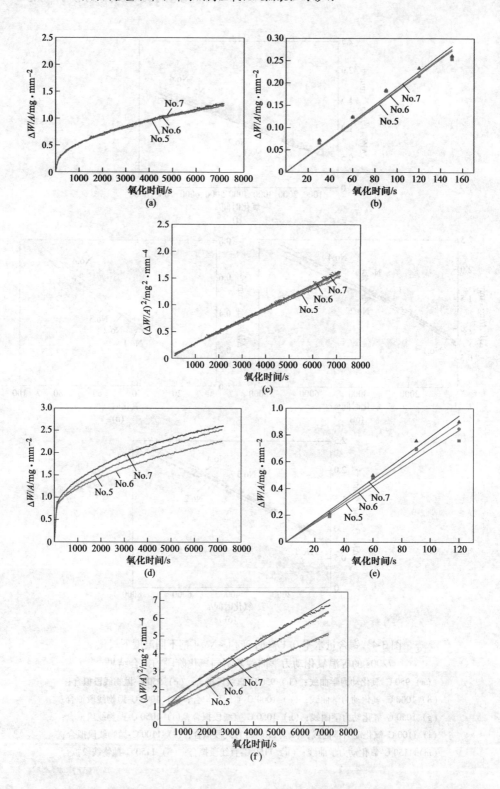

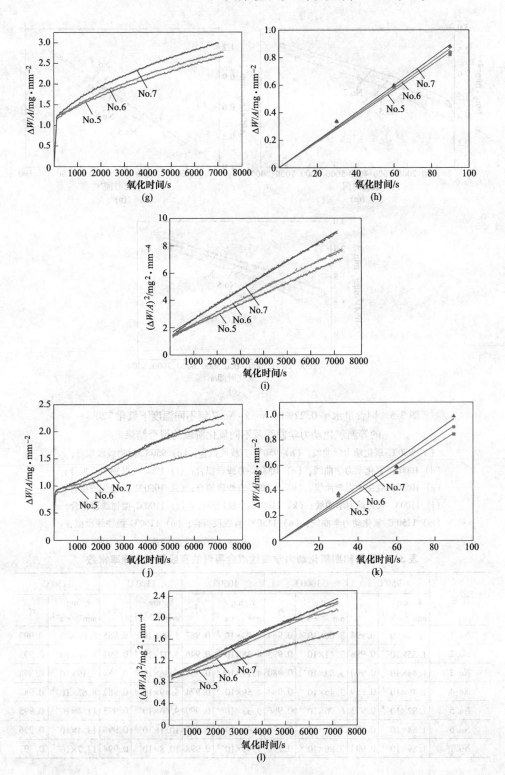

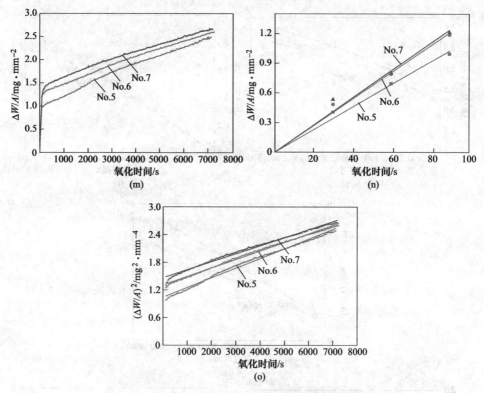

图 3-5 铜含量水平 0.22% 时 No.5~No.7 钢不同温度下氧化 7200s
的等温氧化动力学曲线及不同氧化阶段的拟合结果

（a）950℃-氧化动力学曲线；（b）950℃-直线段拟合；（c）950℃-抛物线段拟合；
（d）1000℃-氧化动力学曲线；（e）1000℃-直线段拟合；（f）1000℃-抛物线段拟合；
（g）1050℃-氧化动力学曲线；（h）1050℃-直线段拟合；（i）1050℃-抛物线段拟合；
（j）1100℃-氧化动力学曲线；（k）1100℃-直线段拟合；（l）1100℃-抛物线段拟合；
（m）1150℃-氧化动力学曲线；（n）1150℃-直线段拟合；（o）1150℃-抛物线段拟合

表 3-1 氧化初期氧化动力学曲线拟合得到的直线段氧化速率常数

序号	950℃		1000℃		1050℃		1100℃		1150℃	
	$k_1/\mathrm{mg} \cdot$ $\mathrm{mm}^{-2} \cdot \mathrm{s}^{-1}$	r_1^2	$k_1/\mathrm{mg} \cdot$ $\mathrm{mm}^{-2} \cdot \mathrm{s}^{-1}$	r_1^2	$k_1/\mathrm{mg} \cdot$ $\mathrm{mm}^{-2} \cdot \mathrm{s}^{-1}$	r_1^2	$k_1/\mathrm{mg} \cdot$ $\mathrm{mm}^{-2} \cdot \mathrm{s}^{-1}$	r_1^2	$k_1/\mathrm{mg} \cdot$ $\mathrm{mm}^{-2} \cdot \mathrm{s}^{-1}$	r_1^2
No.1	1.17×10^{-3}	0.994	3.00×10^{-3}	0.984	4.03×10^{-3}	0.987	5.99×10^{-3}	0.985	8.08×10^{-3}	0.997
No.2	1.35×10^{-3}	0.998	3.11×10^{-3}	0.993	4.38×10^{-3}	0.946	6.07×10^{-3}	0.991	8.10×10^{-3}	0.993
No.3	1.44×10^{-3}	0.990	3.82×10^{-3}	0.980	4.79×10^{-3}	0.957	6.36×10^{-3}	0.984	8.19×10^{-3}	0.998
No.4	1.49×10^{-3}	0.989	3.46×10^{-3}	0.984	4.59×10^{-3}	0.974	6.49×10^{-3}	0.982	8.62×10^{-3}	0.987
No.5	1.82×10^{-3}	0.993	6.96×10^{-3}	0.986	9.33×10^{-3}	0.999	9.46×10^{-3}	0.993	11.4×10^{-3}	0.995
No.6	1.84×10^{-3}	0.992	7.41×10^{-3}	0.995	9.61×10^{-3}	0.997	10.1×10^{-3}	0.996	13.4×10^{-3}	0.996
No.7	1.89×10^{-3}	0.993	7.86×10^{-3}	0.996	9.93×10^{-3}	0.998	10.8×10^{-3}	0.994	13.7×10^{-3}	0.991

表 3-2　氧化后期氧化动力学曲线拟合得到的抛物线段氧化速率常数
（950~1050℃）k_p 或线性段氧化速率常数（1100℃和1150℃）k_1

序号	950℃		1000℃		1050℃		1100℃		1150℃	
	$k_p/\text{mg}^2 \cdot$ $\text{mm}^{-4} \cdot \text{s}^{-1}$	r_p^2	$k_p/\text{mg}^2 \cdot$ $\text{mm}^{-4} \cdot \text{s}^{-1}$	r_p^2	$k_p/\text{mg}^2 \cdot$ $\text{mm}^{-4} \cdot \text{s}^{-1}$	r_p^2	$k_1/\text{mg}^2 \cdot$ $\text{mm}^{-4} \cdot \text{s}^{-1}$	r_1^2	$k_1/\text{mg}^2 \cdot$ $\text{mm}^{-4} \cdot \text{s}^{-1}$	r_1^2
No. 1	2.06×10^{-4}	0.999	4.99×10^{-4}	0.998	5.02×10^{-4}	0.998	1.58×10^{-4}	0.994	2.24×10^{-4}	0.997
No. 2	2.18×10^{-4}	0.994	6.43×10^{-4}	0.999	7.23×10^{-4}	0.998	1.63×10^{-4}	0.996	2.08×10^{-4}	0.999
No. 3	2.36×10^{-4}	0.999	6.54×10^{-4}	0.999	8.70×10^{-4}	0.987	1.64×10^{-4}	0.997	2.27×10^{-4}	0.998
No. 4	2.30×10^{-4}	0.997	6.58×10^{-4}	0.998	8.62×10^{-4}	0.994	1.65×10^{-4}	0.998	2.17×10^{-4}	0.998
No. 5	2.01×10^{-4}	0.998	6.75×10^{-4}	0.998	12.7×10^{-4}	0.999	1.21×10^{-4}	0.998	2.10×10^{-4}	0.991
No. 6	2.26×10^{-4}	0.999	5.73×10^{-4}	0.998	13.1×10^{-4}	0.999	1.91×10^{-4}	0.981	1.85×10^{-4}	0.996
No. 7	2.48×10^{-4}	0.999	7.08×10^{-4}	0.991	13.7×10^{-4}	0.998	2.01×10^{-4}	0.996	1.74×10^{-4}	0.992

此外，由氧化动力学不同阶段的拟合曲线及表 3-1 和表 3-2 中相应氧化速率常数表结果可以看出，氧化温度对于氧化动力学规律的影响不同。无论砷含量的高低，950~1050℃范围内，氧化动力学规律呈现初期线性氧化而后抛物线的氧化规律，同时 $\Delta W/A$ 值随着氧化温度由 950℃ 升高到 1050℃ 而增大。然而，当氧化温度进一步提高到 1100℃ 和 1150℃ 时，实验钢的氧化动力学呈现初期+后期两段的线性氧化规律；此外，1100℃ 和 1150℃ 两温度下的 $\Delta W/A$ 值低于 1050℃ 时的 $\Delta W/A$ 值。换言之，氧化温度由 1050℃ 提高到 1100℃ 时，后期氧化动力学规律由抛物线氧化转变为线性氧化，同时伴随着 $\Delta W/A$ 值的降低。当然，在同为两段线性氧化规律的情况下，随着氧化温度由 1100℃ 提高到 1150℃，实验钢的 $\Delta W/A$ 值相应增加。

另外，由表 3-1 可以看出，950~1150℃温度范围相同氧化温度下，氧化初期线性氧化速率常数 k_1 值不随 As 含量的增加而改变；但同一钢种随着氧化温度的增加，k_1 值逐渐增加。这主要是由于在初期线性氧化阶段，扩散限制环节主要受氧离子在气相传质控制，因此 k_1 值与砷含量无关；然而，随着氧化温度的升高，氧离子在气相边界层中的扩散速度变快，因而 k_1 值随着氧化温度升高而增加。同时，由氧化动力学曲线线性段拟合直线可以看出，随着氧化温度由 950℃ 提高1150℃，线性氧化阶段结束时间由约 150s 缩至约 85s，这说明实验钢处于充足的空气气氛，温度越高，气相边界层中氧的扩散越快，其与的铁反应愈加剧烈，形成覆盖表面的薄薄氧化层所需时间也将减少。相比于起始快速氧化并以"气-固"反应为主的线性氧化阶段[84]，氧化层形成后的抛物线氧化阶段是慢速氧化阶段，此阶段的氧化速率受氧化层中正、负离子的传输速度影响[85]，因而表 3-2 中的抛物线段氧化速率常数较表 3-1 中的线性段低。此外，950~1050℃温度范围后期的

抛物线段氧化 k_p 值随着砷含量的增加而增加，其可能与砷含量增加影响正、负离子在氧化层中扩散有关。

为了进一步分析比较铜含量和砷含量增加对于氧化增重的影响情况，各实验钢氧化 7200s 后单位面积氧化增重量 $\Delta W/A$ 数据列于表 3-3 中。可以看出，无论 Cu 含量水平 0.17% 还是 0.22%，相同氧化温度下，单位面积氧化增重量随着砷含量增加而增加。同时，相同砷含量情况下，铜含量水平增加其单位面积氧化增重量也增加，这意味着砷在高铜含量水平的钢种更能加剧钢的氧化。

表 3-3 两个铜含量水平下各实验钢氧化 7200s 后单位面积氧化增重 $\Delta W/A$

(mg/mm²)

$T/℃$	Cu 含量水平 0.17%				Cu 含量水平 0.22%		
	No. 1	No. 2	No. 3	No. 4	No. 5	No. 6	No. 7
950	1.19804	1.20696	1.21696	1.22857	1.23086	1.25854	1.26746
1000	1.91696	2.12607	2.14196	2.16094	2.24564	2.48186	2.56601
1050	1.92411	2.24149	2.49732	2.46607	2.63289	2.73982	2.98379
1100	1.50893	1.58214	1.59544	1.6894	1.69165	2.10625	2.26071
1150	2.28482	2.30625	2.37946	2.29554	2.45109	2.56954	2.64275

3.2.2 氧化激活能

根据阿伦尼乌斯方程[86]，抛物线段氧化速率常数 k_p 与激活能 Q 之间的关系如下：

$$k_p = k_0 \exp\left(\frac{-Q}{RT}\right) \tag{3-3}$$

式中，k_0 为常数；Q 为激活能，kJ/mol；R 为气体常数；T 为氧化温度，K。

对式 (3-3) 两边取对数可得式 (3-4)：

$$\ln k_p = \ln k_0 - \frac{Q}{RT} \tag{3-4}$$

通过拟合 $\ln k_p$ 与 $-1/(RT)$ 获得的直线斜率即为氧化激活能 Q。图 3-6 为两个铜含量水平下 $\ln k_p$ 对 $-1/(RT)$ 的线性拟合结果。这里需要指出的是，由于氧化温度 ≥1100℃ 时，氧化规律为直线段，故 1100℃ 与 1150℃ 不参与 $\ln k_p$ 与 $-1/(RT)$ 线性拟合过程。可以得出，铜含量水平为 0.17% 时，No. 1、No. 2、No. 3、No. 4 的氧化活化能 Q 分别为 183.21kJ/mol、179.46kJ/mol、175.78kJ/mol、172.58kJ/mol，而铜含量水平为 0.22% 时，No. 5、No. 6、No. 7 的氧化活化能 Q 分别为 170.16kJ/mol、169.88kJ/mol 和 167.86kJ/mol。由此得出，两个铜含量水平下氧化激活能均随着砷含量增加而降低；另外，铜含量水平 0.22% 时氧化激活能要低于铜含量水平 0.17% 时。激活能越低，氧化越容易，因此铜、砷含量的增加会加速钢的氧化，宏观表现为相同氧化温度下单位面积上氧化增重量随着铜、砷含量增加而增加，如表 3-3 所示。

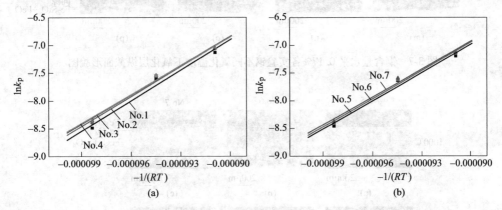

图 3-6　两个铜含量水平下 950~1050℃ 氧化时 $\ln k_p$ 与 $-1/(RT)$ 的线性拟合结果

(a) 0.17%Cu 含量水平；(b) 0.22%Cu 含量水平

3.3　不同铜含量水平下砷含量对氧化层形貌的影响

图 3-7 和图 3-8 分别为铜含量水平 0.17% 和 0.22% 下各实验钢氧化层纵截面形貌图。可以看出，两种铜含量水平下，氧化层基本均为四层结构。图 3-9 为选取的 No.3 钢 1000~1150℃ 下氧化 7200s 后氧化层物相类型的 XRD 测定结果。可

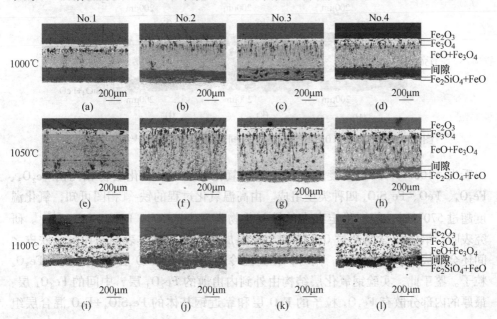

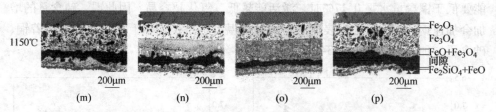

图 3-7   铜含量水平 0.17% 各实验钢不同氧化温度下氧化层纵截面形貌图

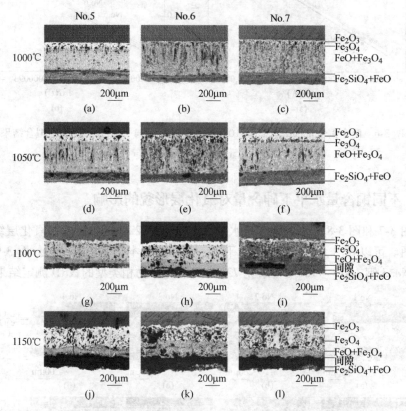

图 3-8   铜含量水平 0.22% 各实验钢不同氧化温度下氧化层纵截面形貌图

以看出，1000~1150℃温度范围内的不同氧化温度下，氧化层物相均由 Fe_2O_3、Fe_3O_4、FeO、Fe_2SiO_4 四种类型组成。由高温氧化过程的铁-氧相图可知，氧化温度超过 570℃ 时，能够稳定存在的铁氧化物类型为 Fe_2O_3、Fe_3O_4 和 FeO[87]。研究表明，钢中 Si 含量超过 0.01% 时，高温加热后在钢基体表面与内氧化铁皮之间还会形成 Fe_2SiO_4 层[88]。同时，在高温冷却过程中，FeO 层中会先共析 Fe_3O_4 粒子。鉴于此，实验钢氧化层结构由外到内由薄的 Fe_2O_3 层、中间的 Fe_3O_4 层、最厚的内部分散有 Fe_3O_4 粒子的 FeO 层和靠近钢基体的 Fe_2SiO_4+FeO 混合层组

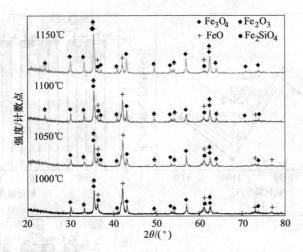

图 3-9 不同氧化温度下 No.3 氧化层物相类型 XRD 图谱

成。需要说明的是，950℃下的氧化实验只是为分析砷对含铜钢氧化激活能的影响而增补的，其在后续的相关讨论中将不再提及。

由图 3-7 或图 3-8 可以看出，相同氧化温度下，砷含量变化对于氧化层总厚度及不同氧化层结构的影响很难观察到相应规律；然而氧化温度的变化对两者的影响较为明显。图 3-10 为两个铜含量水平下氧化温度对氧化层总厚度及不同氧化层比例影响情况。可以看出，氧化层的总厚度随氧化温度由 1000℃ 增加为 1050℃ 而增加，但 1100℃ 下时氧化层总厚度减少，而 1150℃ 时氧化层厚度再次增加（图 3-10 (a)，(c)）。对于不同氧化层结构（图 3-10 (b)，(d)），氧化温度为 1000℃ 和 1050℃ 下时，Fe_2O_3、Fe_3O_4 和 FeO 三层结构的厚度比例基本不变。而当氧化温度提高到 1100℃ 和 1150℃ 下时，虽然 Fe_2O_3、Fe_3O_4 和 FeO 三层结构的厚度比例也基本一致，但很明显 1100℃ 和 1150℃ 下 Fe_2O_3、Fe_3O_4 和 FeO 各层的厚度比例不同于 1000℃ 和 1050℃ 下。具体特征是随着氧化温度升高到 1100℃ 和 1150℃ 时，FeO 层的厚度比例减少，而 Fe_2O_3 和 Fe_3O_4 的厚度比例相应增加。

1100℃ 和 1150℃ 下氧化时，氧化层总厚度、不同氧化层结构比例以及前述氧化动力学曲线后期呈现线性氧化规律应该与氧化过程中氧化层与基体的分离有关，这一点也可由图 3-7 (i)~(p) 和图 3-8 (g)~(l) 中 1100℃ 和 1150℃ 的氧化层中发现明显间隙佐证。一旦发生氧化层的分离，铁离子由基体向氧化层的扩散很难进行[89,90]，而氧离子不断地在外部氧化层中由外向内扩散外，当遇到间隙（氧化层分离所导致的），形成新的气-固相边界层，类似于起始开始氧化时期的线性阶段，于是 1100℃ 和 1150℃ 氧化后期遵循线性氧化规律。另外，1100℃ 和 1150℃ 下氧化层脱离形成的间隙导致铁离子的外扩散受到限制，因而氧化层的总厚度低于 1050℃；当然在同为后期氧化遵循线性规律的情况下，由于氧化温度

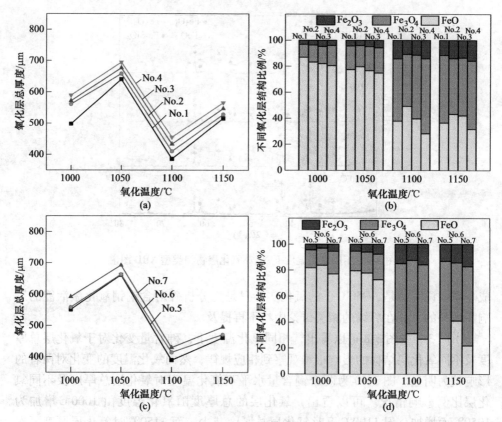

图 3-10 实验钢的氧化层总厚度、不同氧化层结构与氧化温度的关系图

(a)（b）0.17%Cu 含量水平；(c)（d）0.22%Cu 含量水平

提高，氧离子的扩散速度增加，因此 1150℃下的氧化层总厚度比 1100℃时要厚。在氧化时，氧不断从外界扩散至氧化层与铁离子结合，而铁离子因氧化层的脱离不断消耗却而得不到补充，这便破坏 Fe_2O_3、Fe_3O_4 和 FeO 界面化学反应的动态平衡，终使 Fe_3O_4 层和 Fe_2O_3 层厚度比例增加而 FeO 层的厚度比例减少。

值得注意的是，虽然图 3-7 和图 3-8 中大多氧化温度下的氧化层与基体产生分离，但 1000℃和 1050℃下氧化层的分离与 1100℃和 1150℃下有明显不同。这个不同可以从两个方面进行区分。一方面，1000℃和 1050℃下氧化时，也并不是所有氧化层与基体都分离很明显，如图 3-7（c）和（d）中氧化层几乎没有与基体分离。另一方面，1000℃和 1050℃下氧化时氧化动力学遵循后期抛物线的氧化规律。两方面结合表明实验钢在 1000℃和 1050℃氧化过程中没有发生分离。而其降温后磨制试样观察到的分离现象应该是氧化结束后产生的，因而不会对实际氧化过程产生影响。这也说明氧化实验结束后即使采取试样缓慢提出炉膛以防止氧化层分离，但因该钢种氧化结束后氧化层易分离的特性而难以避免。

3.4 不同铜含量水平下砷含量对铜砷氧化富集规律的影响

3.4.1 氧化温度对于铜砷氧化富集规律的影响

图 3-11 为铜含量水平 0.17% 的 No.3 钢不同氧化温度下氧化层与基体界面 BSE 形貌及面扫描结果。可以看出，氧化温度不同对于铜砷在氧化层与基体界面处和沿晶界的富集情况影响不同。1000℃氧化时，氧化层与基体界面处分散地观

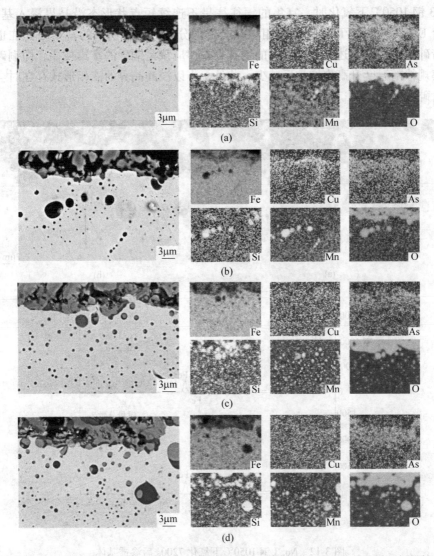

图 3-11　No.3 钢不同温度下氧化 7200s 后氧化层与基体界面处 BSE 形貌图及面扫描结果
(a) 1000℃；(b) 1050℃；(c) 1100℃；(d) 1150℃

察到一些铜富集，同时可以观察到沿晶界的铜富集现象。1050℃氧化时，与1000℃相比，氧化层与基体界面和沿晶界的富集铜现象变得更加明显。当氧化温度进一步升高到1100℃和1150℃时，EDS面扫描反而尚未分辨出氧化层与基体界面处铜的富集。

在当前面扫描分析过程中，砷的富集情况远不如铜能够明显观察出来。为进一步确定砷在氧化过程中的富集情况，在更大放大倍数下对面扫描分析中铜富集处进行微观形貌观察及 EDS 成分分析，其结果如图3-12所示。很明显地，对于No. 3 钢1050℃下氧化时，富集的铜往往呈不连续短点状形态沿晶界浸入基体，结合 EDS 成分分析可知，富铜相中确含有部分砷。这说明铜的富集处往往也伴随着砷的富集，上述面扫描获得的铜富集规律应该是铜砷的富集规律，即铜砷的富集规律随温度升高先增加后减少。此外，当以浸润晶界的液相形式存在时会形成含砷富铜相。

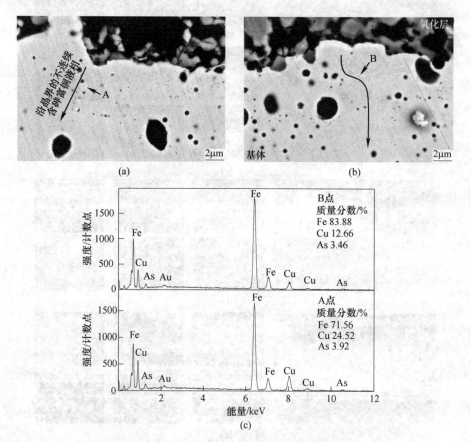

图 3-12　No. 3 钢 1050℃下氧化 7200s 后渗透基体
的含砷富铜相 BSE 微观形貌（a）（b）及 EDS 能谱图（c）

图 3-13 为铜含量水平 0.22% 时 No.7 不同氧化温度下氧化层与基体界面 BSE 形貌图及面扫结果。可以看出，铜含量水平 0.22% 下，铜砷的富集行为与氧化温度的关系与图 3-11 中 No.3 钢结果相一致。即 1000℃ 时，No.7 实验钢既有存在于氧化层与基体界面的铜富集，又有沿晶界氧化富集的铜，如图 3-13（a）所示。1050℃ 时，与 1000℃ 相比，氧化层与基体界面富集的铜含量明显增多，如图 3-13（b）所示，并且明显具有沿晶界分布的富铜砷液相，其微观形貌及 EDS 成分分析如图 3-14 所示。而氧化温度升至 1100℃ 与 1150℃ 时，EDS 面扫描同样未能分辨出氧化层与基体界面铜的富集，如图 3-13（c）与图 3-13（d）所示。

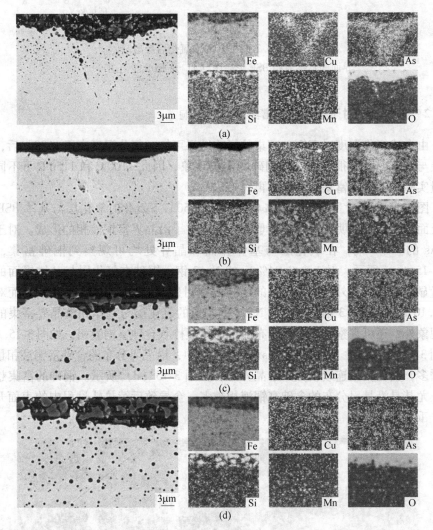

图 3-13　No.7 钢不同温度下氧化 7200s 后氧化层与基体界面处 BSE 形貌图及面扫描结果
(a) 1000℃；(b) 1050℃；(c) 1100℃；(d) 1150℃

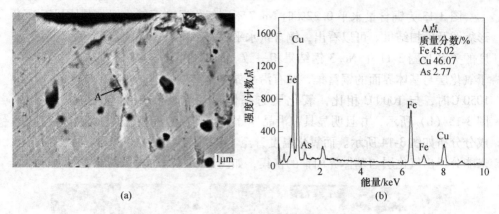

(a)   (b)

图 3-14　No.7 钢在 1050℃氧化后渗透基体
界面的富铜液相 BSE 形貌图（a）及 EDS 能谱图（b）

3.4.2 铜砷含量对于铜砷氧化富集规律的影响

由上述氧化温度对于铜砷富集的影响结果可知，氧化温度高于 1100℃后，氧化层与基体界面处很难观察到铜砷的富集现象，因此 1100℃和 1150℃下不同砷含量实验钢的氧化富集规律将不再讨论。

图 3-15 为铜含量水平 0.17%各实验钢 1050℃下氧化时氧化层与基体 BSE 形貌及面扫描结果。明显地，砷含量的增加促进了沿晶界富铜液相的形成。对于不含 As 的 No.1 钢，在氧化层与基体界面和晶界处均可观察到铜砷富集，如图 3-15（a）所示。对于含 0.04%As 的 No.2 钢，铜砷在氧化层与基体界面的富集量显著增加，此外沿晶界富集的铜砷依然明显，如图 3-15（b）所示。而对于含 0.10%As 的 No.3 钢，除了与 No.2 钢相似的氧化层与基体和沿晶界富集的铜砷现象外，还可观察到沿晶界分布的不连续短棒状含砷富铜液相，如图 3-15（c）和图 3-12 所示。对于含 0.15%As 的 No.4 钢中，沿晶界分布的含砷富铜液相量明显增多，其往往呈连续状分布于晶界处，如图 3-15（d）所示。铜砷的富集越明显，尤其是沿晶界分布的含砷富铜液相越多，会导致后续热轧过程中的表面开裂越严重。

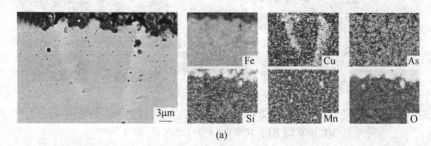

(a)

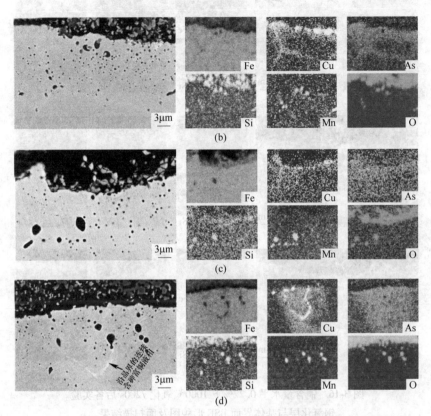

图 3-15　铜含量水平 0.17% 下 1050℃氧化 7200s 后各实验
钢氧化层与基体界面 BSE 形貌图及面扫描结果
（a）No.1 钢；（b）No.2 钢；（c）No.3 钢；（d）No.4 钢

　　图 3-16 和图 3-17 分别为铜含量水平 0.22% 下 1000℃和 1050℃氧化时各实验
钢氧化层与基体 BSE 形貌及面扫描结果。由图 3-16 可以看出，当氧化温度为
1000℃时，不同砷含量的 No.5~No.7 钢均存在氧化层与基体界面的铜/铜砷富
集，同时也发现沿晶界分布的铜/铜砷富集现象，但可能由于氧化温度相对来说
较低，砷含量变化对于铜砷富集的影响不明显。但由图 3-17 可以看出，当氧化
温度提高到 1050℃时，随着砷含量的增加铜砷的富集更加明显。对于不含 As 的
No.5 钢，铜砷主要为氧化层与基体界面和沿晶界的两种富集形态，对于含
0.04%As 的 No.6 钢，可见少量的沿晶界分布含砷富铜液相，而对于含 0.09%As
的 No.7 钢，沿晶界分布的含砷富铜液相尺寸上增加。相比较 1000℃氧化时氧化
层与基体界面或沿晶界富集的铜砷而言，1050℃系出现的沿晶界富集的呈液态形
式的含砷富铜对于表面开裂影响更为严重。

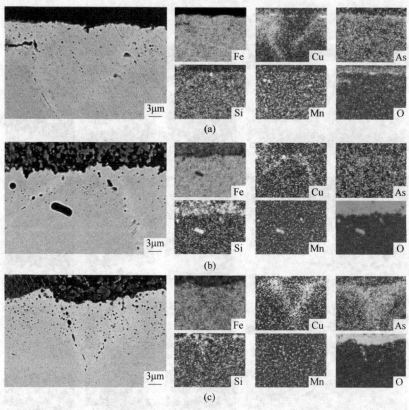

图 3-16 铜含量水平 0.22% 下 1000℃ 氧化 7200s 后各实验
钢氧化层与基体界面 BSE 形貌图及面扫描结果
（a）No.5 钢；（b）No.6 钢；（c）No.7 钢

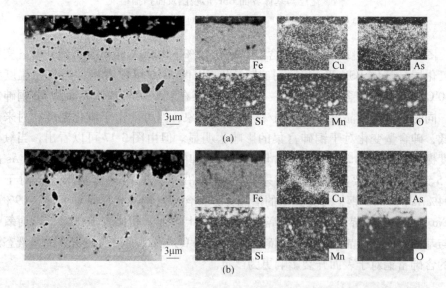

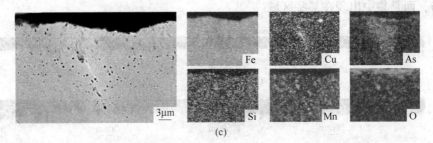

图 3-17 铜含量水平 0.22% 下 1050℃氧化 7200s 后各实验
钢氧化层与基体界面 BSE 形貌图及面扫描结果

(a) No.5 钢；(b) No.6 钢；(c) No.7 钢

另外，通过对比图 3-15 和图 3-17 可以看出，同为 1050℃下氧化时，铜含量水平为 0.17% 的 No.3 钢（0.10%As）中开始出现沿晶界分布的含砷富铜液相，而铜含量水平为 0.22% 的 No.6 钢（0.04%As）中即出现沿晶界分布的含砷富铜液相。这说明，在高铜含量水平下，较低的砷含量即可促使富铜相以液相形式沿晶界析出而危害钢的热加工性。

3.5 不同铜砷含量水平下钢的热裂情况

图 3-18 和图 3-19 分别为两个铜含量水平下各实验钢不同氧化温度氧化 7200s 后热压缩样品的表面裂纹观察结果。可以看出，无论铜含量水平为 0.17% 还是 0.22%，氧化温度和钢中砷含量增加对热裂的影响情况都相一致。对于氧化温度的影响，热裂随着氧化温度由 1000℃增加为 1050℃时，表面热裂情况加重，而当氧化温度继续增加为 1100℃，表面热裂情况明显减少，1150℃下氧化时，表面热裂情况甚至消失。换言之，1050℃下氧化时同一铜砷含量的实验钢表面热裂最为严重。氧化温度对热裂纹的影响规律与吴西生[90]的试验结果相符，他指出含铜锡 C-Mn 钢中 $w(Cu) \leqslant 0.19\%$，$w(Sn) \leqslant 0.10\%$时，表面网裂倾向性在 1050℃氧化后进行热加工时达到最大，而当氧化温度超过 1150℃，网裂特性消失。对于砷含量的影响，表面热裂情况随着砷含量的增加，表面裂纹的数量、尺寸和穿透深度明显增加，如图 3-18 (e)~(g) 和图 3-19 (d)~(f) 所示。

另外，对比图 3-18 (e)~(g) 和图 3-19 (d)~(f) 可以看出，当钢中砷含量同为 0.04% 时，No.2 钢 1050℃下的热裂情况明显弱于 No.6 钢（如图 3-18 (f) 和图 3-19 (e) 所示），特别地，No.6 钢裂纹形貌出现典型因铜富集而产生的网状裂纹特征；而当砷含量均为 0.09%~0.10% 时，虽然 No.3 钢和 No.7 钢中都出现明显网状裂纹特征（如图 3-18 (g) 和图 3-19 (f) 所示），但相比于 No.3 钢，No.7 钢中裂纹的宽度、渗透深度等明显增加。因此，相近砷含量情况下，铜含量水平的增加会加剧其表面热裂情况。值得注意的是，这些表面热裂纹并非均匀分布，而是集中出现在某些区域。

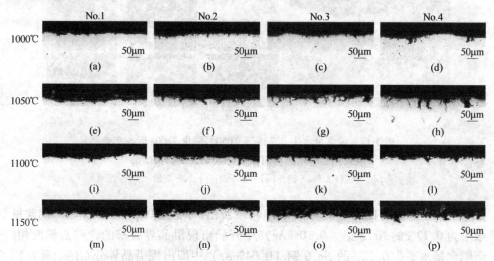

图 3-18　铜含量水平 0.17% 下各实验钢不同氧化温度氧化 7200s 后热压缩试样表面裂纹观察

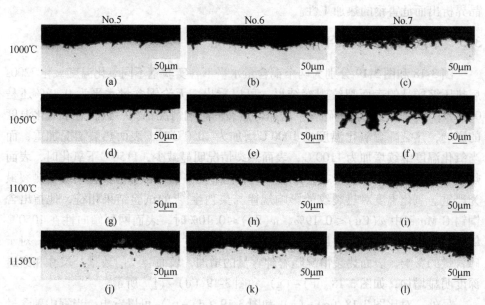

图 3-19　铜含量水平 0.22% 下各实验钢不同氧化温度氧化 7200s 后热压缩试样表面裂纹观察

　　残余元素铜砷的富集程度越大，热加工过程中引发钢坯开裂的倾向性越大。图 3-18 和图 3-19 中观察到的表面热裂随氧化温度和铜砷含量增加的变化规律与前述观察到的相应铜砷富集规律相一致。氧化富集的铜达到一定程度时，会在氧化层与基体界面析出，形成富铜液相，继而渗透钢基体，破坏晶界连续性，致使钢坯在应力作用下产生裂纹；而当钢中含有砷时，砷会降低铜相的熔点及溶解度，致使同温下极易析出更多的富铜液相，促进更多的富铜液相向晶界渗透，加剧钢坯表面热裂倾向性。砷对于富铜液相熔点等的影响将在后续详细讨论。图 3-20 为 1050℃下氧化 7200s 后热压缩的 No. 4 钢和 No. 7 钢表面裂纹与含砷富铜相 BSE 形貌观察结果。可以看出，表面裂纹的出现往往伴随着含砷富铜相。

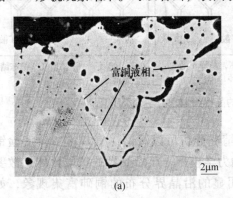
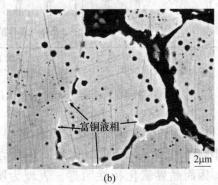

图 3-20　No. 4 钢和 No. 7 钢 1050℃下氧化后热压缩试样中裂纹附件含砷富铜液相的 BSE 形貌图
(a) No. 4 钢；(b) No. 7 钢

3.6　砷影响铜富集机理

　　由前面研究可知，在两个铜砷含量水平下，氧化温度和砷含量增加对于富集行为的影响具有相似性，因此，本节同样只选取 No. 1 ~ No. 4 钢为研究对象分析铜砷氧化富集机理。实际上，铜砷富集规律随氧化温度和砷含量的增加变化与铜砷氧化富集速率、铜砷向基体的反扩散速率、砷对富铜相的溶解度和熔点的影响以及氧化层对含砷富铜相的吸附能力等密切有关。换言之，在不同的氧化温度和砷含量下，其主导因素是不同的。

　　晶体的扩散包含若干个过程，如直接自表面的体扩散，沿晶界的扩散和自晶界部分渗透到晶体及继之围绕晶界的体扩散，多个晶体各晶界之间的扩散等，实际情况较为复杂。为便于分析，Harrison L G[91] 将多晶体晶界简化为平行晶界，认为晶体的扩散行为有 A、B、C 三种机制模型。在保留 Harrison 晶体扩散模型简单易理解的基础上，结合本实验氧化时组织处于奥氏体的特点，提出如图 3-21 所示的晶体扩散动力学分类示意图。

　　(1) A 型动力学：当晶体处于足够高的氧化温度时，体扩散区域与晶界周围及自表面的体扩散区相互重叠。从宏观上看，体扩散与晶界扩散同步进行。

　　(2) B 型动力学：当氧化温度适中时，晶界扩散的扩散要快于体扩散，表现为沿晶界的扩散渗透比体扩散要深。诚然，此时尚不考虑已经扩散的晶界再发生相应的体扩散。

（3）C 型动力学：当处于比 B 型动力学更低的氧化温度时，体扩散几乎被冻结，仅发生晶界扩散，并且沿晶界的扩散没有渗透到周围晶体中去。

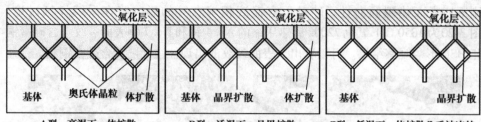

图 3-21　结合 Harrison 提出的晶体扩散动力学分类示意图

依据上述机制模型并结合铜砷富集情况分析可以看出，No.1 ~ No.4 实验钢在 1000℃ 和 1050℃ 下的氧化属于 B 型动力学模型，氧沿晶界的扩散比体扩散要快，因而晶界氧化特性明显，表现为明显的沿晶界分布的铜砷富集现象，如图 3-11（a）和（b）所示；而 1100℃ 和 1150℃ 下的氧化属于 A 型氧化动力学模型，主要是氧化温度升高后，氧基本是沿着试样表面向基体和晶界内整体扩散的，铜砷富集的沿晶特性很难分辨。

此外，如图 3-11（a）和（b）所示，相同铜含量水平下，虽然钢中砷含量不同，但随着氧化温度由 1000℃ 升高到 1050℃，铜砷富集程度均明显增加，而当温度继续提高到 1100℃ 和 1150℃ 时，铜砷富集程度反而减少。铜砷富集规律随着氧化温度增加的此种变化规律应该与氧化过程中铜砷的富集速率和其反扩散进入基体的速率相互竞争有关。铜在不同氧化温度下的富集与扩散行为可由 Melford D A[92] 提出的氧化过程中铜的富集速率与反扩散速率关系图表示，如图 3-22 所示。可以看出，当氧化温度低于 1080℃ 时，铜的氧化富集速率高于其反扩散进入基体的速率，因而当氧化温度提高后，越来越多的铜砷会在界面富集，当超过其基体中的固溶度后，便会以含砷富铜液相的形式析出并浸润晶界，这与图 3-11（a）和（b）中观察到的相一致，当然其热裂程度也会相应加剧（如图 3-18（a）~（h））所示。

然而，当氧化温度高于 1080℃ 时，如本实验中的 1100℃ 和 1150℃ 下，铜向基体的反扩散速率高于其氧化富集速率，因而铜砷的富集程度随温度升高反而降低（如图 3-11（c）和（d）所示），其相应的热裂也会减少甚至消失（如图 3-18（i）~（p）所示）。此外，较高温度下含 Si 钢中内氧化层吸附富铜砷相的能力也大大增强，也就是说富铜砷相被排入氧化层，这也是氧化温度为 1100℃ 和 1150℃ 时铜砷富集程度减少的原因，如图 3-23 所示。可以看出，1150℃ 下氧化时，No.3 钢中大量的富铜砷相被排入氧化层中，而此种现象在 1000℃ 和 1050℃

下很难发现。因此，两个因素共同作用降低了氧化层与基体界面处铜砷的富集量，从而减少了铜砷向基体的渗透，进而抑制或消除表面裂纹。

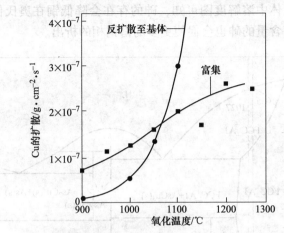

图 3-22 Melford 提出的铜在基体中富集速率与反扩散速率的关系图

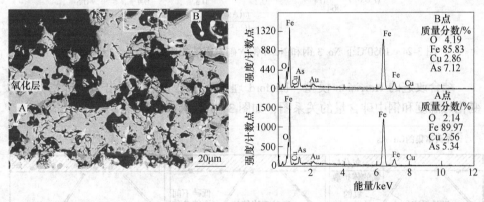

图 3-23 1150℃下氧化时 No.3 钢氧化层中吸收的含铜砷相 BSE 形貌图和 EDS 能谱图

随着砷含量的增加，不连续短棒状沿晶界分布的含砷富铜相转变为连续分布的浸润晶界的含砷富铜液相（如图 3-12 和图 3-15（d）所示），这应该与砷含量增加对铜的熔点及其在奥氏体中溶解度影响有关。铜的熔点为 1084.87℃[93]，当氧化温度高于其熔点时，纯铜液相才会出现，而对于 No.3 钢和 No.4 钢，1050℃下氧化时即发现富铜液相浸润晶界的现象，这说明砷的存在降低了富铜相的熔点，使之可在较低的温度下以含砷富铜液相形式析出而浸润晶界。为进一步研究砷对富铜相熔点的影响，随机选取 5 处浸润晶界的富铜液相进行 EDS 成分统计，并进行铜砷含量的归一化处理。统计得出 1050℃下氧化的 No.3 钢和 No.4 钢中砷在富铜液相的平均含量分别为 5.7% 和 6.4%，而在 Cu-As 二元相图中各自砷含

量对应的液相线温度分别为 1035℃和 1027℃, 如图 3-24 所示。因此, 在 1050℃
氧化时, 随着砷含量增加, 更为连续的含砷富铜液相析出并沿晶界分布。另外,
由砷影响铜在奥氏体中溶解度图可知, 砷的存在会降低铜在奥氏体中的溶解度,
这意味着钢中较高含量的砷也会促使更多的富铜相的析出。

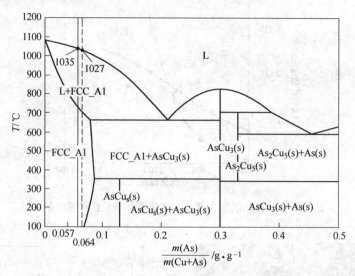

图 3-24   1050℃下 No. 3 钢和 No. 4 钢含砷富铜液相所处 Cu-As 二元相图分析

结合改进的 Harrision 模型、Melford 理论及本实验结果提出了铜砷富集规律
变化与温度和钢中砷含量的关系图, 如图 3-25 所示。

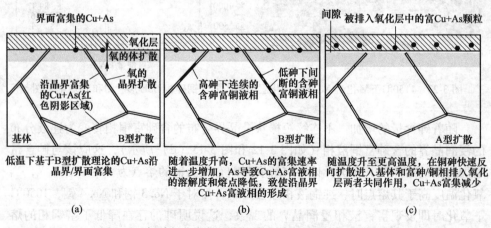

图 3-25   铜砷氧化富集规律与温度和砷含量的关系示意图

(1) 在低于富铜相熔点温度下氧化时, 如 1000℃, 由于铜砷的富集速率高
于其反向扩散进入基体的速率, 因而在氧化层与基体界面处会形成铜砷富集。另

外，在较低温度下属于 B 型扩散模式，奥氏体晶界优先氧化，因铜砷氧势比铁低而沿晶界出现铜砷富集。因此，氧化后出现氧化层与基体界面铜砷富集和沿晶界铜砷富集的两种形式（如图 3-25（a）所示）。此时，砷含量的增加对于富铜相熔点和溶解度的作用没有显现出来。值得注意的是，此时富集的铜砷并不是以液态形式浸润晶界，其危害钢表面热裂较轻。

（2）在相对较高的温度下，如 1050℃，依旧是铜砷的富集速率高于反扩散速率，铜砷的富集程度继续增加，因而其氧化层与基体界面处铜砷的富集更为明显。同时，此时仍然为 B 型扩散模式，奥氏体晶界优先氧化，铜砷沿晶界富集现象依然能够明显观察到。但不同于 1000℃ 的是，砷含量增加对于铜相熔点和奥氏体中溶解度影响更为显著。砷含量增加一方面降低富铜相熔点，另一方面降低溶解度促进其析出，进而在高砷含量下以更多的含砷富铜液相形式沿晶界析出，甚至出现连续的含砷富铜液相，加剧裂纹敏感性（如图 3-25（b）所示）。

（3）进一步提高氧化温度，如 1100℃ 和 1150℃，铜砷的快速反向扩散进入基体及富铜砷相排入氧化层共同作用促使铜砷富集程度降低或消失。此时，氧化转变为 A 型扩散模式，基体扩散与晶界扩散几乎同步，很难观察到铜砷沿晶界富集现象（如图 3-25（c）所示）。另外，由于本实验钢氧化层高温下易与基体脱离的特性，在氧化层与基体之间出现间隙，氧化后期呈现线性氧化的规律。

3.7 本章小结

本章从氧化动力学、氧化层形貌等方面研究 0.17% 和 0.22% 两个铜含量水平下砷含量变化的影响情况，同时重点研究了砷含量、氧化温度变化对铜富集规律和钢种裂纹敏感性的影响及其机理，其主要结论如下：

（1）950~1150℃ 范围内氧化时，对于同一铜含量水平实验钢，单位面积氧化增重量随砷含量增加而增加；同时，在同一砷含量水平下，铜含量水平 0.22% 的各实验钢单位面积氧化增重量要高于铜含量水平 0.17%。另外，整体而言，950℃、1000℃ 和 1050℃ 下氧化时，实验钢的氧化动力学遵循初期线性氧化而后抛物线氧化的规律；当氧化温度为 1100℃ 和 1150℃ 时，氧化初期依据遵循线性氧化规律，而后期由于氧化层分离氧化动力学服从线性氧化规律。氧化活化能拟合结果表明，砷含量的增加降低了氧化所需的激活能；同时，铜含量水平 0.22% 时氧化激活能也低于铜含量水平 0.17% 时。

（2）随着砷含量的增加，氧化层的形貌和物相类型无显著变化，氧化层由外向内依次为 Fe_2O_3、Fe_3O_4、$FeO+Fe_3O_4$、$FeO+Fe_2SiO_4$ 四层结构。氧化层的厚度随氧化温度由 1000℃ 增加为 1050℃ 而增加，其在 1050℃ 下氧化时氧化层厚度最厚，此时 $FeO+Fe_3O_4$ 层的厚度比例最大。然而，在 1100℃ 和 1150℃ 的较高温度下，由于氧化层的分离，一方面氧化层厚度降低，另一方面促使 $FeO+Fe_3O_4$ 的

厚度比例减少而 Fe_2O_3、Fe_3O_4 厚度比例增加。

（3）随着氧化温度从 1000℃ 升高到 1050℃，由于铜砷富集速率大于其反扩散速率，铜砷的富集程度显著增强，同时由于高砷含量降低铜相熔点及奥氏体中溶解度促使 1050℃ 时沿晶界出现大量含砷富铜液相，从而导致此温度下最为严重的表面开裂。随着氧化温度升高到 1100℃ 和 1150℃，在铜砷快速反扩散进基体和铜砷富集颗粒被吸附到氧化层中的共同作用下，铜砷富集明显减少，其热裂倾向性明显减少甚至消失。

4 稀土 Ce 对含砷钢中夹杂物特性及 As 分布的影响

大量的实验结果表明，钢中添加适量的稀土可以减少残余元素的晶界偏聚，抑制或消除钢的晶界脆化行为。Seah M P[94]通过热力学计算表明随着 2.25Cr1Mo 钢中添加稀土 La 量的增加，其夹杂物的生成顺序为 $La_2O_2S \rightarrow La_2Sn \rightarrow LaP$。另外，夏比冲击试验结果表明当加入 La 含量满足 $w[La] = 8.7w[S] + 2.3w[Sn] + 4.5w[P]$ 时，2.25Cr1Mo 钢的回火脆性得以消除。Sproule G I[95]和 Garcia C I[96]同样报道了 2.25Cr1Mo 钢中添加适量稀土与残余元素作用生成夹杂物可以抑制残余元素 P、Sn 和 As 晶界偏聚所导致的回火脆性。Kukhtin M V[58]研究稀土 Ce 与残余元素的相互作用时发现，含 0.6%Ce 的 Cr-Ni 奥氏体不锈钢中 Ce 与残余元素相互作用生成的某些夹杂物中 Ce 与残余元素的原子比接近已知化合物的化学计量比，如 CeAs、CeSb 和 Ce(P，As，Sb)。魏利娟[97]和肖寄光[98]研究指出钢中添加稀土 La 可以改善钢的热塑性，改善的机制主要为稀土与 Sn 和 Sb 的相互作用生成 La-Sn/Sb 化合物。尽管稀土抑制残余元素危害的研究已见不少报道，但是目前有关钢中含砷稀土夹杂物的演变规律、生成机制以及稀土元素改善砷的晶界偏聚缺乏系统的研究。

本章以稀土中的丰度高且较为廉价的 Ce 为代表研究了稀土与残余元素 As 的相互作用规律。利用 SEM+EDS 研究了含砷稀土夹杂物的成分、形貌、数量密度和尺寸随钢中 Ce 含量增加的变化情况，并通过热力学计算结合实验探讨了含砷稀土夹杂物的生成机制。除此之外，利用 TEM 分析了含砷稀土夹杂物的物相结构以及稀土 Ce 的添加对砷晶界偏聚的影响。

4.1 实验材料与方法

4.1.1 试样的熔炼

试样的熔炼是在高温钼丝炉中进行的。装有约 300g 工业纯铁的氧化铝坩埚放入钼丝炉中，氩气保护气氛下加热至 1600℃，保温 5min 待钢液熔清后，加入 0.16% 的高纯砷 (99.9999%As)，继续保温 5min，随后加入一定量的 75%Si-Fe 合金进行预脱氧，继续保温 5min，然后加入不同含量的 Ce，保温 10min 后断电冷却至 1200℃水淬或 1600℃直接水淬。图 4-1 为试样熔炼及凝固过程示意图。熔炼所得试样的化学成分及冷却方式如表 4-1 所示。熔炼采用的坩埚尺寸为

ϕ40mm×100mm，获得的铸锭尺寸为 ϕ35mm×42mm。碳、硫及全氧含量采用红外吸收法测定，其他元素含量采用 ICP-AES 法测定。

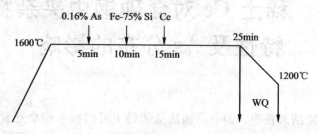

图 4-1 试样熔炼及凝固过程示意图

表 4-1 试样化学成分（质量分数）及冷却方式　　　　　　　（%）

试样编号	C	Si	Mn	P	S	Als	T.O	Ce	As	淬火温度
CA1	0.002	0.14	0.02	0.005	0.0079	0.021	0.0022	—	0.16	1200℃
CA2	0.002	0.16	0.02	0.004	0.0068	0.017	0.0040	0.018	0.16	1200℃
CA3	0.002	0.17	0.03	0.006	0.0069	0.032	0.0039	0.037	0.16	1200℃
CA4	0.003	0.18	0.02	0.005	0.0056	0.034	0.0029	0.055	0.17	1200℃
CA5	0.002	0.14	0.03	0.0040	0.0040	0.039	0.0036	0.095	0.16	1200℃
CA6	0.003	0.15	0.02	0.006	0.0068	0.025	0.0044	0.101	0.16	1600℃

4.1.2　夹杂物分析

SEM 观察试样均取自距铸锭底部 10mm 处。有关夹杂物特性的分析是通过 JSM-6480LV 扫描电镜及附带的 Noran System Six 能谱仪来完成的。为确定试样所含夹杂物成分、种类比例及元素分布情况，每个试样随机选取 30 个夹杂物进行成分分析和元素面分布分析。为分析单位面积上夹杂物的数量（N_A）、平均尺寸（d_A）、尺寸分布和形貌，1000 倍下连续拍摄 50 个视场，分析总面积约为 0.62mm^2。1000 倍下所能观察到的最小夹杂物尺寸为 0.4μm。夹杂物的平均大小（d_A）为所有夹杂物等面积圆直径的平均值。

4.1.3　夹杂物物相及砷分布分析

含砷稀土夹杂物物相结构的确定及 As 分布的研究分别是通过 Tecnai 2 20 和 Tecnai G2 F30 S-TWIN 型 TEM 完成的。首先利用火花线切割法切取 0.4mm 厚的薄片，然后在水砂纸上预减薄至 30μm。考虑到含砷稀土夹杂物的酸溶性问题，物相结构分析时采用离子减薄法进行最终减薄。室温条件下利用 Model 691. CS 型离子减薄仪进行 Ar⁺ 离子溅射，溅射角度为 10°，溅射电压 6kV；而 As 分布研究则采用双喷电解法来制备 TEM 试样。双喷电解是在 5%（体积分数）高氯酸酒精溶液、双喷电压和电流分别为 30V 和 25mA 以及−25℃条件下进行的。为分析晶界成分，电子束斑调至约 1nm。另外，为确保结果的准确性，每个试样取 3 条不同晶界，每条晶界选取 5 个不同位置进行分析，然后取其平均值。

4.2 Ce 含量对钢中夹杂物特性的影响

4.2.1 Ce 含量对夹杂物成分及形貌的影响

钢液成分、合金剂的添加顺序、孕育保温时间、冷却方式及冷速等诸多因素将会影响钢中夹杂物的成分或种类。其中，钢液成分将会对夹杂物的成分、种类和形貌产生较为显著的影响。

图 4-2 和图 4-3 分别为 CA1 和 CA2 试样中典型夹杂物形貌及 EDS 能谱图。CA1 试样中夹杂物主要为 Al-Ca-O 类夹杂（如图 4-2（a）所示），此类夹杂中拥有较高的 Al 含量，另外还含有少量 Ca-Si-O 类夹杂（如图 4-2（b）所示）。而加入 0.018%Ce 后，CA2 试样中夹杂物改性为单独 Ce-S-O 类夹杂物和心部 Ce-Al-O 外包 Ce-S-O 类的复合夹杂（Ce-Al-O+Ce-S-O）。两试样中大多数夹杂物形貌为近球形。

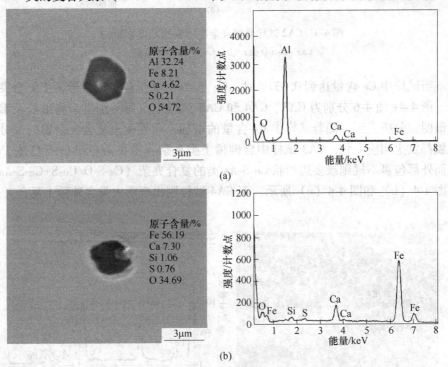

图 4-2　CA1 试样典型夹杂物形貌及 EDS 能谱图
(a) Al-Ca-O 类；(b) Ca-Si-O 类

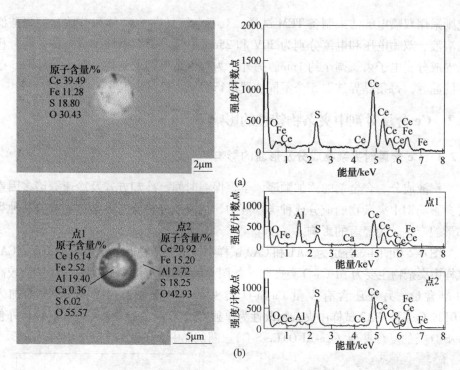

图 4-3　CA2 试样典型夹杂物形貌及 EDS 能谱图

(a) Ce-S-O 类；(b) Ce-Al-O+Ce-S-O 类

当试样中 Ce 含量达到 0.037% 时，Ce 与 As 开始反应生成含砷稀土复合夹杂物。图 4-4~图 4-6 分别为 CA3、CA4 和 CA5 试样中主要类别夹杂物形貌及 EDS 能谱图。分析表明，随着试样中 Ce 含量的增加，含砷稀土复合夹杂物的成分和形貌都发生相应变化。CA3 试样中含砷稀土类夹杂物主要为心部 Ce-S-O 或 Ce-S 类而外部包裹不规则或多边形状 Ce-S-As 类的复合夹杂（Ce-S-O/Ce-S+Ce-S-As），如图 4-4（b）和图 4-4（c）所示。而 CA4 试样则出现两大类含砷稀土复合夹杂

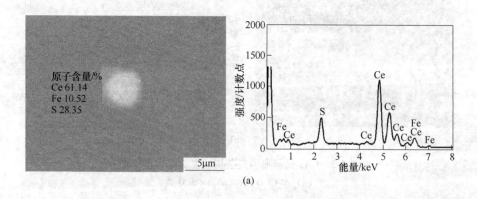

(a)

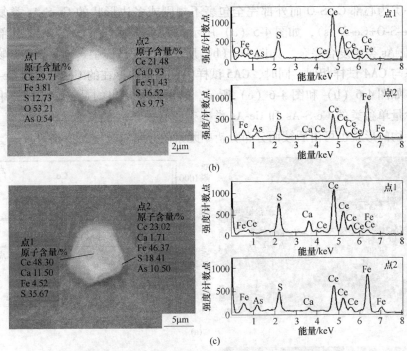

图 4-4　CA3 试样典型夹杂物形貌及 EDS 能谱图

(a) Ce-S 类；(b) Ce-S-O+Ce-S-As 类；(c) Ce-S+Ce-S-As 类

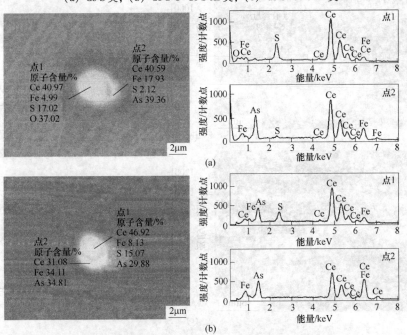

图 4-5　CA4 试样典型夹杂物形貌及 EDS 能谱图

(a) Ce-S-O+Ce-S-As 类；(b) Ce-S-As+Ce-As 类

物：一类为心部 Ce-S-O 而外部完全包裹不规则或多边形状的 Ce-S-As 类复合夹杂 （Ce-S-O+Ce-S-As），如图 4-5（a）所示；另一类为心部 Ce-S-As 类外部完全包裹 Ce-As 类的复合夹杂，如图 4-5（b）所示。CA5 试样中含砷复合夹杂物成分及形态与 CA4 试样相似。同时，CA5 试样中发现单独存在的 Ce-S-As 和 Ce-As 类夹杂，如图 4-6（b）和图 4-6（c）所示。这里需要指出的是，CA4 试样中同样发现少量单独类的 Ce-S-As 和 Ce-As 类夹杂。有关单独或复合 Ce-S-As 和 Ce-As 类夹杂物的形貌也可由后续面分布分析中元素的分布情况进一步获知。

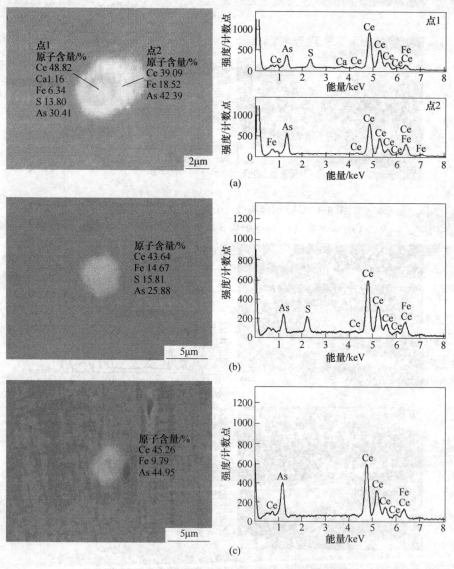

图 4-6 CA5 试样典型夹杂物形貌及 EDS 能谱图

(a) Ce-S-As+Ce-As 类；(b) Ce-S-As 类；(c) Ce-As 类

4.2.2 Ce 含量对夹杂物数量、大小和尺寸分布的影响

除了夹杂物的成分及形貌随着试样中 Ce 含量增加发生变化外，试样中夹杂物的数量、平均大小和尺寸分布等特性也将随之发生变化。图 4-7 为单位面积上夹杂物数量、平均尺寸及其夹杂物尺寸分布与 Ce 含量的关系。由图 4-7（a）可以看出，随着试样中 Ce 含量增加，单位面积上夹杂物数量 N_A 明显增加。然而，当 Ce 含量超过 0.037% 时，夹杂物的平均尺寸 d_A 增加并不明显。由图 4-7（b）分析表明，CA1 试样中主要为小于 2μm 的夹杂物，其数量比例高达 90%；添加0.018%Ce 后，1~3μm 范围内的夹杂物数量占主要比例，可达 81%；而当钢中Ce 含量分别为 0.037%、0.055% 和 0.095% 时，1~3μm 范围内夹杂物数量比例明显降低，下降幅度分别约为 46%、23% 和 40%。另外，当 Ce 含量超过 0.037%时，试样中夹杂物尺寸分布范围明显变宽，大于 3μm 夹杂物数量比例显著增加。

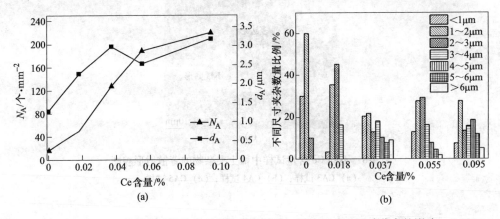

图 4-7　Ce 含量对试样单位面积夹杂物数量、平均尺寸及尺寸分布的影响
（a）单位面积夹杂物数量和平均尺寸；（b）夹杂物尺寸分布

图 4-8 为不同 Ce 含量试样中不同形貌夹杂物的宏观形貌图。夹杂物形貌统计工作在背散射模式下进行，将复合夹杂物的整体形状视为夹杂物形状。图 4-9为不同形貌夹杂物数量比例及尺寸分布与 Ce 含量的关系。不同形貌夹杂物数量比例分析表明，随着试样中 Ce 含量增加，球形夹杂物数量比例急剧减少，由90.00% 迅速降至 3.70%；而不规则和多边形类夹杂物数量比例同时增加，尤其是多边形类夹杂物增加更为明显。当 Ce 含量超过 0.037% 时，多边形类夹杂物数量比例达 47.44%，成为试样中主要类别夹杂物。不同形貌夹杂物的尺寸分布分析发现，Ce 含量低于 0.018% 时，尺寸小于 3μm 的主要为球形夹杂物。而随着试样中 Ce 含量的进一步增加，尺寸大于 3μm 的不规则和多边形类夹杂物数量比例逐渐增加，并且大于 3μm 的多边形类夹杂物数量比例要高于不规则类。值得注意的是，当试样中 Ce 含量为 0.095% 时，大于 3μm 的多边形类夹杂物已占主导

地位，数量比例高达 45.93%，这将严重影响试样中所有夹杂物的尺寸分布规律。结合前面夹杂物 EDS 成分分析，尺寸大于 $3\mu m$ 且数量比例较高的不规则或多边形类含砷稀土夹杂物是导致试样夹杂物尺寸分布范围变宽及其平均尺寸增加的主要原因。

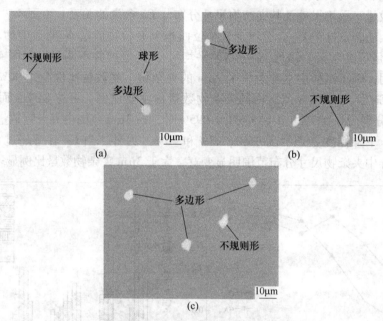

图 4-8 不同 Ce 含量试样中稀土夹杂物的背散射形貌图
(a) CA3 试样；(b) CA4 试样；(c) CA5 试样

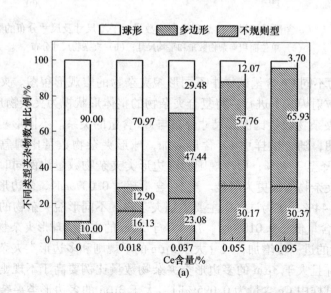

(a)

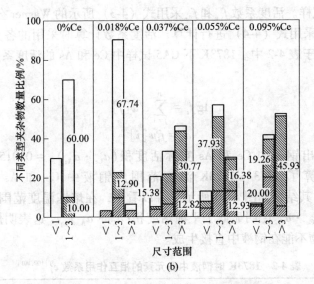

图 4-9　Ce 含量对不同形貌夹杂物数量比例及其尺寸分布的影响

(a) 数量比例；(b) 尺寸分布

4.3　含砷稀土夹杂物的形成机制

4.3.1　含砷稀土夹杂物生成热力学分析

无论是熔炼温度下还是凝固过程中，当元素 A 和 B 的实际活度积 $(a_A \cdot a_B)_{ac}$ 超过相同温度下 A 和 B 的平衡活度积 $(a_A \cdot a_B)_{eq}$ 时，A_xB_y 类夹杂物将会从液相中生成。因此，可由 $(a_{Ce} \cdot a_{As})_{ac}$ 和 $(a_{Ce} \cdot a_{As})_{eq}$ 值的大小判断 CeAs 夹杂物能否在钢液中析出。目前有关 CeAs 夹杂物的热力学数据不多，李文超[99]报道了 CeAs 夹杂物标准生成吉布斯自由能。本节依据现有的热力学数据，对 CeAs 夹杂物在钢液和凝固过程中的生成行为进行热力学计算，以评估其在钢液和凝固过程生成的可能性。

4.3.1.1　钢液中含砷稀土夹杂物的生成热力学

钢中 Ce 与 As 相互作用生成 CeAs 相的反应方程式和 Ce 与 As 的平衡活度积 $(a_{Ce} \cdot a_{As})_{eq}$ 与温度的关系式[99]如下：

$$[Ce] + [As] \Longrightarrow (CeAs) \tag{4-1}$$

$$\lg(a_{Ce} \cdot a_{As})_{eq} = -\frac{15775}{T} + 12.39 \tag{4-2}$$

利用式（4-2）可以计算出不同温度下钢液中 Ce 和 As 的平衡活度积 $(a_{Ce} \cdot a_{As})_{eq}$。

钢液中 Ce 和 As 的实际活度积 $(a_{Ce} \cdot a_{As})_{ac}$ 计算时采用的化学成分为 Ce 含量

最高的 CA5 试样。活度系数 f_{Ce} 和 f_{As} 采用式（4-3）所示的 Wagner 公式进行计算，活度 a_{Ce} 和 a_{As} 采用式（4-4）进行计算，活度系数计算时采用的各元素之间的相互作用系数列于表 4-2 中。1873K 下 CA5 试样中 Ce 和 As 的活度系数及活度值列于表 4-3 中。

$$\lg f_i = \sum_{j=1}^{n} e_i^j w[j] \tag{4-3}$$

$$a_i = f_i w[i] \tag{4-4}$$

由此计算出钢液中 Ce 和 As 实际活度积 $(a_{Ce} \cdot a_{As})_{ac} = 0.0153$。同时利用式（4-2）计算了 1773 ~ 1873K 温度范围内钢液中 Ce 和 As 平衡活度积 $(a_{Ce} \cdot a_{As})_{eq}$，其结果如图 4-10 所示。可以看出，在熔炼温度范围内，Ce 和 As 实际活度积 $(a_{Ce} \cdot a_{As})_{ac}$ 明显低于平衡活度积 $(a_{Ce} \cdot a_{As})_{eq}$。这表明熔炼温度范围内 CeAs 夹杂物不能在钢液中直接生成。

表 4-2　1873K 时钢液中各元素的相互作用系数 $e_i^{j\,[100,101]}$

i	j							
---	C	Si	Mn	P	S	O	As	Ce
C	0.14	0.08	−0.012	0.051	0.046	−0.34	0.043	—
Si	0.18	0.11	0.002	0.11	0.056	−0.23	—	—
Mn	−0.07	—	—	−0.0035	−0.048	−0.083	—	—
P	0.13	0.12	0.0	0.062	0.028	0.13	—	—
S	0.11	0.063	−0.026	0.029	−0.028	−0.27	0.041	−1.91
O	−0.45	−0.131	−0.021	0.07	−0.133	−0.20	0.070	−0.57
As	0.25[102]	0.054[103]	−0.031[103]	—	0.037[104]	—	0.296[99]	—
Ce	0.351	—	—	1.77	−8.36	−5.03	—	0.0066

表 4-3　CA5 试样中 Ce 和 As 的活度系数及活度值

试样	f_{Ce}	a_{Ce}	f_{As}	a_{As}
CA5	0.91	0.086	1.13	0.182

4.3.1.2　凝固过程中含砷稀土夹杂物的生成热力学

在钢的凝固过程中，由于固液两相溶质的再分配，凝固前沿液相中 Ce 和 As 元素将不断富集。一方面，随着凝固过程的进行，凝固前沿液相中 Ce 与 As 元素之间的实际活度积 $(a_{Ce} \cdot a_{As})_{ac}$ 将不断增加。另一方面，凝固前沿液相温度的不断下降将会引起 Ce 和 As 平衡活度积 $(a_{Ce} \cdot a_{As})_{eq}$ 的降低。因此，当 Ce 和 As 元素富集到一定程度时，Ce 与 As 元素之间的实际活度积 $(a_{Ce} \cdot a_{As})_{ac}$ 可能大于其平衡活度积 $(a_{Ce} \cdot a_{As})_{eq}$。一旦超过平衡活度积，CeAs 夹杂物将会由凝固前沿液相中生成。

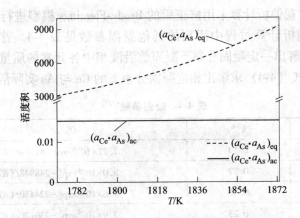

图 4-10　熔炼温度范围（1773~1873K）CA5 试样钢液中
Ce 和 As 的平衡活度积与实际活度积比较

A　凝固过程 Ce 与 As 实际活度积计算

凝固过程的微观偏析模型主要分为 Lever 模型[105]、Scheil 模型、Brody-Flemings 模型[106] 和 Clyne-Kurz 模型[107]。Lever 模型考虑溶质在固相中完全扩散，而 Scheil 模型则忽略溶质在固相中的扩散。Brody-Flemings 模型则在 Scheil 模型的基础上考虑了固相中的部分扩散[108]，其假定溶质在固相中有限扩散，液相中完全扩散，给出的微观偏析方程如下：

$$C_{\rm L} = C_0 \left[1 - (1 - 2\alpha k)f_{\rm S} \right]^{(k-1)/(1-2\alpha k)} \tag{4-5}$$

其中

$$\alpha = 4D_{\rm S}\tau_{\rm S}/\lambda^2 \tag{4-6}$$

局部凝固时间 $\tau_{\rm S}$ 表示为：

$$\tau_{\rm S} = (T_{\rm L} - T_{\rm S})/R_{\rm C} \tag{4-7}$$

二次枝晶臂间距 λ 与冷却速率 $R_{\rm C}$ 的关系如下：

$$\lambda = 146 \times 10^{-6}R_{\rm C}^{-0.39} \tag{4-8}$$

当 $\alpha = 0$ 时 Brody-Flemings 模型的偏析方程可以得到 Scheil 方程，而当 $\alpha \to \infty$ 时，其结果与平衡凝固过程相矛盾。Clyne-Kurz 模型则通过数量处理进一步改进 Brody-Flemings 模型，使 α 值为两个极端时均能给出较好的结果，其对 α 的修正如下：

$$\alpha' = \alpha(1 - e^{-\frac{1}{\alpha}}) - \frac{1}{2}e^{-\frac{1}{2\alpha}} \tag{4-9}$$

式中，$C_{\rm L}$ 为凝固前沿液相中溶质的浓度质量分数，%；C_0 为合金中溶质的初始浓度（质量分数），%；$f_{\rm S}$ 为凝固分率；k 为溶质的分配系数；$D_{\rm S}$ 为溶质在固相中的扩散系数，$\rm m^2/s$；$\tau_{\rm S}$ 为局部凝固时间，s；λ 为二次枝晶臂间距，m；$T_{\rm L}$ 为液相线温度，K；$T_{\rm S}$ 为固相线温度，K；$R_{\rm C}$ 为冷却速率，K/s。

本章元素微观偏析计算采用修正后的 Brody-Flemings 模型进行。计算时 λ 取值为 $100\mu m$，偏析计算过程中用到的其他凝固参数见表 4-4。首先利用 Brody-Flemings 模型求解出一定凝固分率下凝固前沿液相中各元素的质量分数，然后利用式（4-3）和式（4-4）求解出相应凝固分率下的 Ce 与 As 实际活度积。

表 4-4 凝固参数[110]

元素	$k^{\delta/L}$	$D_S^{\delta}/m^2 \cdot s^{-1}$
C	0.19	$1.27 \times 10^{-6} \exp[-81379/(RT)]$
Si	0.77	$8.0 \times 10^{-4} \exp[-248948/(RT)]$
Mn	0.76	$7.6 \times 10^{-5} \exp[-224430/(RT)]$
P	0.23	$2.9 \times 10^{-4} \exp[-230120/(RT)]$
S	0.05	$4.56 \times 10^{-4} \exp[-214639/(RT)]$
O	0.022	$3.71 \times 10^{-6} \exp[-23050/(RT)]$[141]
Ce	0.02[111]	1×10^{-20}[101]
As	0.33[100]	6.62×10^{-11}[112]

B 凝固过程 Ce 与 As 的平衡活度积计算

凝固过程中 Ce 与 As 的平衡活度积计算仍采用式（4-2）进行，凝固前沿液相的温度 T 由下式计算[109]：

$$T = T_0 - \frac{T_0 - T_L}{1 - f_S \dfrac{T_L - T_S}{T_0 - T_S}} \tag{4-10}$$

将式（4-10）代入式（4-2）即可得到 Ce 与 As 的平衡活度积 $(a_{Ce} \cdot a_{As})_{eq}$，计算公式如下：

$$\lg(a_{Ce} \cdot a_{As})_{eq} = -\frac{15775}{T_0 - \dfrac{T_0 - T_L}{1 - f_S \dfrac{T_L - T_S}{T_0 - T_S}}} + 12.39 \tag{4-11}$$

式中，T_0 为纯铁的熔点，温度为 1808K；T_L 和 T_S 分别为实验钢的液相线温度和固相线温度。T_L 和 T_S 可分别由下面两式进行计算[109]：

$$T_L = 1809 - 78w[C] - 7.6w[Si] - 4.9w[Mn] - 34.4w[P] - 38w[S] \tag{4-12}$$

$$T_S = 1665 + 1122w[C] - 60w[Si] + 12w[Mn] - 140w[P] - 160w[S] \tag{4-13}$$

对应 CA5 试样化学成分计算得到 T_L 和 T_S 分别为 1806K 和 1657K。

图 4-11 为 CA5 试样凝固过程中 $(a_{Ce} \cdot a_{As})_{eq}$ 和 $(a_{Ce} \cdot a_{As})_{ac}$ 与凝固分率 f_S 的关

系。可以看出，在凝固末期$(a_{Ce} \cdot a_{As})_{ac}$值超过$(a_{Ce} \cdot a_{As})_{eq}$值，此时 CeAs 类夹杂物将会大量生成。

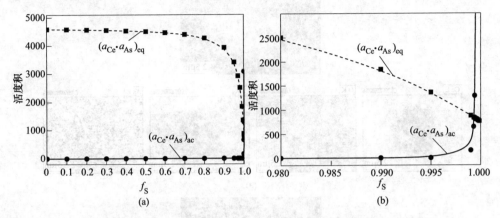

图 4-11　凝固过程 CA5 试样中 Ce 与 As 的平衡活度积和实际活度积与 f_s 的关系

(a) 整个凝固过程；(b) 凝固末期局部放大图

4.3.2　形成机制实验研究

含砷稀土夹杂物的热力学分析表明，熔炼温度下不能生成 CeAs 类夹杂物，但其将在凝固过程中因凝固前沿元素富集而生成。本节通过夹杂物面扫描分析以及快速冷却实验进一步确定含砷稀土夹杂物的形成机制。

4.3.2.1　含砷夹杂物的面扫描分析及物相结构确定

图 4-12 和图 4-13 为不同种类含砷稀土复合类夹杂物的面扫描图。分析表明，不同种类含砷稀土夹杂物中 Ce 元素均分布于整个夹杂物中，但 S 和 As 元素的分布规律随夹杂物的种类不同有所不同。对于心部为 Ce-S-O 类的含砷稀土复合夹杂物，As 元素如指环状分布于夹杂物表层，而 S 元素的分布随试样中 Ce 含量的增加有所不同。CA3 试样中 S 元素分布于整个夹杂物中（如图 4-12 (a) 所示），而 CA4 和 CA5 试样中 O、S 元素与 As 元素的分布为排斥且互补关系，O、S 元素只分布于夹杂物内部（如图 4-12 (b) 和 (c) 所示）。由此可以确定，Ce 含量为 0.037%时，含砷夹杂物为心部 Ce-S-O 类+外部 Ce-S-As 类的复合夹杂物。当Ce 含量增加到 0.055%，Ce-As 类夹杂物开始生成，进而形成心部同为 Ce-S-O 类，而外部却为 Ce-As 类的复合夹杂物。这里需要指出的是，CA4 试样中同样存在 S 元素分布规律类似于 CA3 试样的含砷稀土复合夹杂。对于心部为 Ce-S-As 类的含砷稀土复合夹杂物，S 元素只分布于夹杂物内部，而 As 元素由整个夹杂物外部到内部浓度不同，外部 As 含量要高于内部（如图 4-13 所示）。分析表明此类含砷夹杂物为心部 Ce-S-As 类+外部 Ce-As 类的复合夹杂。总而言之，当 Ce 含

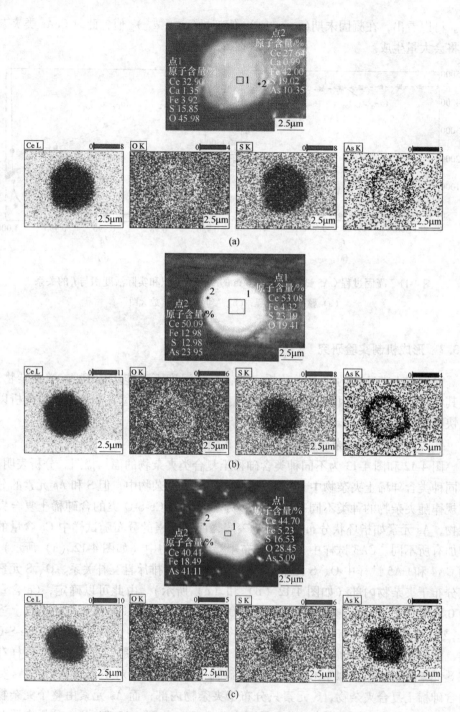

图 4-12　Ce-S-O+Ce-As-S/Ce-As 类复合夹杂面扫描图

(a) CA3 试样；(b) CA4 试样；(c) CA5 试样

量超过 0.037% 时，无论心部为何种稀土夹杂物，其外部都可被含砷稀土夹杂物完全包覆。另外，还发现 Ce、As 元素或 S 元素分布位置重合且无内外层明显交界线的单独类 Ce-S-As 和 Ce-As 夹杂物，如图 4-14 和图 4-15 所示。

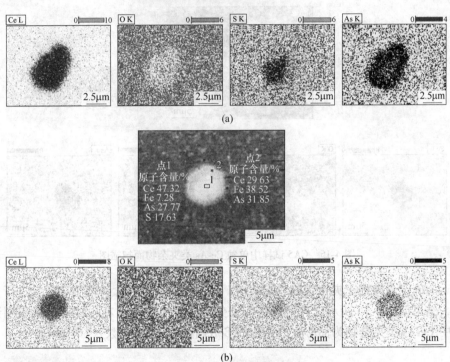

图 4-13 Ce-S-As+Ce-As 类复合夹杂物面扫描图
(a) CA4 试样；(b) CA5 试样

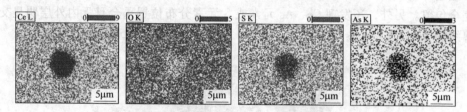

图 4-14   CA5 试样中单独 Ce-S-As 类夹杂物面扫描图

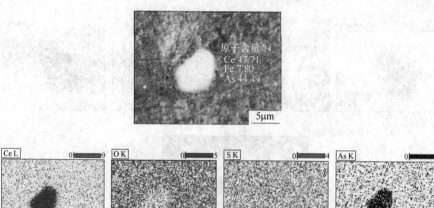

图 4-15   CA5 试样中单独 Ce-As 类夹杂物面扫描图

为确定含砷稀土夹杂物的物相结构，采用透射电镜对含砷稀土夹杂物进行分析，结果如图 4-16 所示。透射电镜能谱分析以及电子衍射花样标定结果表明试样中 Ce-As 类夹杂物为面心立方结构的 CeAs 相，其晶格参数 $a = 6.08\text{nm}$。

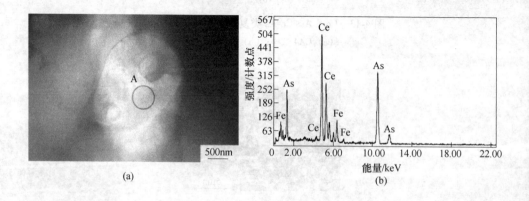

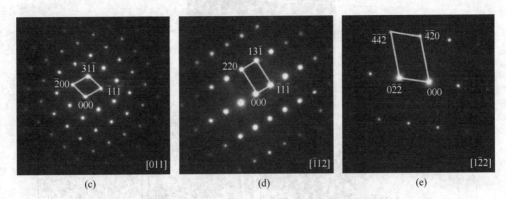

图 4-16 CA5 试样中 Ce-As 类夹杂物 TEM 分析

（a）明场像；（b）A 区域 EDS 能谱；（c）~（e）A 区域电子衍射花样

4.3.2.2 淬火温度对夹杂物类型的影响

快速冷却条件下，某些夹杂物在凝固过程的生成将会被抑制，这将改变试样中夹杂物的成分或种类。图 4-17 为 1600℃下淬火的 CA6 试样中典型夹杂物元素分布图。可以发现，CA6 试样中的夹杂物种类为单独 Ce-S-O、Ce-S-As 类夹杂物及两者的复合夹杂物。与 Ce 含量相近而淬火温度较低的 CA5 试样相比，1600℃下淬火的 CA6 试样中没有发现 Ce-S-As+Ce-As 类和单独 Ce-As 类夹杂物。由此可以得出，Ce-As 类夹杂物是由凝固过程元素富集发生直接反应而生成。元素面分布分析及快冷实验表明，CeAs 类夹杂物为凝固过程中生成，这与热力学计算结果相一致。此类夹杂物一方面可以以优先生成的夹杂物为核心非均质形核而生成复合类含砷稀土夹杂物，另一方面可以凝固过程中生成单独类夹杂物。图 4-18 为 CeAs 相夹杂物的形成机制示意图。

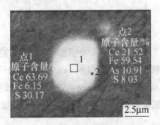

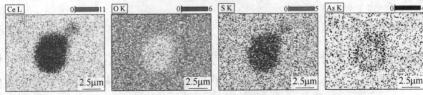

（a）

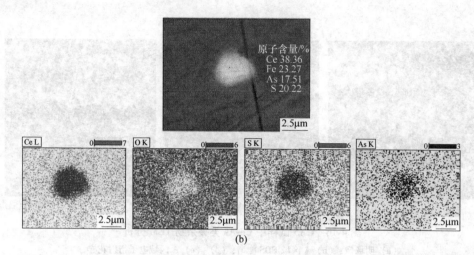

(b)

图 4-17 1600℃淬火条件下 CA6 试样中典型夹杂物的面扫描结果

（a）Ce-S-（O）+Ce-S-As 类；（b）Ce-S-As 类

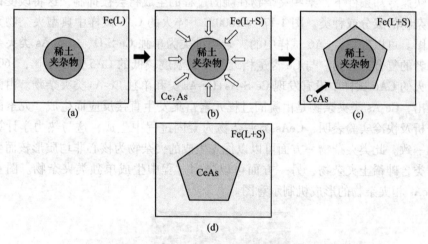

图 4-18 CeAs 相夹杂物形成机制示意图

（a）熔炼温度下生成稀土夹杂物；（b）凝固过程 Ce、As 元素向已形成夹杂物表面进行扩散；
（c）不规则状或多边形状 CeAs 夹杂物以已形成夹杂物为核心形核生成完全包覆型复合夹杂物；
（d）不规则状或多边形状 CeAs 类夹杂物直接生成

4.3.3 Ce 对砷晶界偏聚的影响

前面的夹杂物成分分析表明，稀土与砷可以反应生成含砷稀土夹杂物。相应地，残余元素砷在基体的赋存状态发生了改变。含砷稀土夹杂物的生成必然会减少砷在基体中的固溶量，进而减少砷的晶界偏聚量。因此，含砷稀土夹杂物的生成可能会抑制或消除砷晶界偏聚引起的晶界脆化行为，例如改善钢的高温热塑性和回火脆性等。

图 4-19 为 CA1 和 CA5 试样中典型晶界 TEM 形貌及两试样晶界晶内砷含量的 EDS 分析结果。由图 4-19（c）可以很明显地看出，不含 Ce 的 CA1 试样中，晶界处的砷含量约为晶内的 1.8 倍，而含 0.095%Ce 的 CA5 试样中，晶界处的砷含量与晶内的砷含量几乎相当。因此，含砷稀土夹杂物的生成可以减少砷的晶界偏聚量。

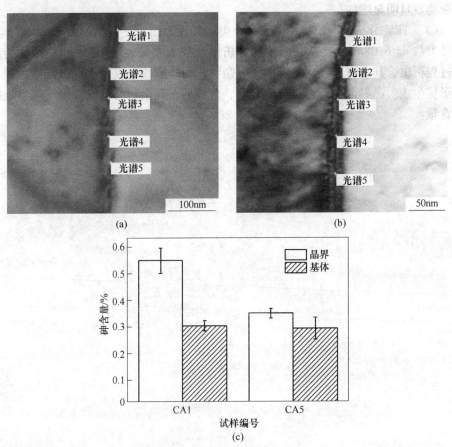

图 4-19　CA1 和 CA5 试样典型晶界 TEM 形貌及晶界晶内砷含量 EDS 结果
（a）CA1 试样晶界形貌；（b）CA5 试样晶界形貌；（c）晶界晶内砷含量 EDS 结果

4.4　本章小结

本章系统研究了 Ce 含量对含砷钢中夹杂物种类、形貌、数量密度、平均尺寸、物相结构和砷晶界偏聚的影响，同时通过热力学计算结合快速冷却实验探讨了含砷稀土夹杂物的析出规律，得到如下结论：

（1）随着 Ce 含量由 0 增加到 0.095%，实验钢中主要类别夹杂物的生成顺序为 Al-Ca-O→Ce-S-O→Ce-S-O+Ce-S-As→Ce-S-As+Ce-As。除此之外，含 0.055% Ce 的 CA4 试样和含 0.095%Ce 的 CA5 试样中均发现单独型 Ce-S-As 和 Ce-As 类夹杂物。

（2）钢中夹杂物的数量和平均尺寸均随试样中 Ce 含量的增加而增加。当试样中的 Ce 含量超过 0.037% 时，夹杂物的尺寸分布范围变宽，同时尺寸大于 3μm 夹杂物数量明显增加。

（3）TEM 分析表明试样中的 Ce-As 类夹杂物为面心立方结构的 CeAs 相，其晶格参数 $a=6.08$nm。夹杂物面扫描分析结合淬火实验表明 CeAs 相夹杂物为凝固过程析出，其既可以以优先形成的夹杂物非均质形核生成，也可以凝固过程单独形核生成。晶界晶内砷含量分析表明，含砷稀土夹杂物的生成减少了晶界处的砷含量。

5 稀土 Ce 对含铜砷钢热塑性的改善

目前，钢中添加磷（P）、硼（B）和稀土（RE）等均能改善残余元素危害钢的热塑性。而对于 P 元素，虽有研究指出添加 0.03% P 能够改善含锡1Cr-0.5Mo 低合金钢的热塑性[113]，但 P 易导致钢的冷脆而钢种一般限定 P 含量，也难以通过提高 P 含量来消除残余元素对钢热塑性的危害。B 作为易晶界偏聚元素，改善残余元素铜锡危害钢热塑性的结果也见报道[78,114,115]。而 RE 除了具有类似 B 的晶界竞争偏聚作用改善热塑性外，其在较高含量下能够与砷、锡相互作用生成化合物[116,117]，因而其在改善残余元素危害热塑性方面更具有优势。然而，这些研究单方面注重稀土晶界竞争偏聚或稀土与残余元素反应改善残余元素恶化钢热塑性的作用，而很少同时关注稀土晶界竞争偏聚与残余元素反应两者的共同作用。

通过铜砷影响钢热塑性、高温氧化性和热加工性实验研究，选取危害热塑性、热加工性较为严重的铜砷含量水平实验钢为研究对象。考虑区分稀土未与残余元素作用时稀土晶界偏聚和较高含量稀土时稀土与残余元素相互作用两方面减少铜、砷偏聚量而改善热塑性的作用，合理设计钢中不同稀土含量。利用Gleeble-3800 热/力模拟试验机系统研究不同稀土含量对钢热塑性凹槽深度和宽度的影响情况，以此掌握稀土含量改善残余元素危害钢热塑性的规律，并综合横截面显微组织、断口形貌、夹杂物的析出及晶界上残余元素和稀土的检测等区分稀土两方面作用改善钢热塑性的关系。

5.1 实验材料与方法

表 5-1 为熔炼获得的不同稀土含量的实验钢化学成分。实验钢的制备过程已在 2.1 节中详细描述。实验钢中 No.3、No.8~No.11 的成分设计是为了研究稀土含量对于含铜砷钢热塑性改善的效果。其中，为了实现单一稀土晶界偏聚作用设计低稀土含量的 No.8 实验钢和 No.9 实验钢，而为了实现稀土与残余元素作用设计相对较高稀土含量的 No.10 实验钢和 No.11 实验钢。另外，为了掌握稀土添加后热塑性的改善程度，此处还给出了不含砷的 No.1 钢以作对比。

高温热拉伸、热膨胀实验采用的设备类型、试样尺寸及热履历过程均与砷含量对含铜钢热塑性研究时相同，其热塑性断面收缩率的表征、热塑性断口形貌、纵截面显微组织观察和晶界元素含量 TEM 分析也与砷含量对含铜钢热塑性，这些已在 2.1 节介绍过,在此不再赘述。所不同的是,鉴于含砷稀土夹杂物的酸溶解问题,在其物相结构分析时采用离子减薄法进行透射电镜样品制样,利用Model 691. CS 型离子减薄仪室在温条件下进行 Ar^+ 离子溅射,溅射角度为 10°,溅射电压 6kV。

表 5-1 不同稀土含量的含铜砷实验钢化学成分（质量分数）（%）

序号	C	Si	Mn	P	S	Al$_t$	Cu	As	Ce	O	N	Fe
No. 1	0.14	0.30	1.35	0.0039	0.0035	0.0018	0.16	—	—	0.0024	0.0028	余量
No. 3	0.14	0.29	1.36	0.0040	0.0030	0.0020	0.16	0.10	—	0.0025	0.0031	余量
No. 8	0.15	0.31	1.34	0.0042	0.0028	0.0019	0.16	0.10	0.0022	0.0036	0.0021	余量
No. 9	0.17	0.29	1.36	0.0049	0.0024	0.0021	0.15	0.093	0.0058	0.0053	0.0013	余量
No. 10	0.15	0.32	1.37	0.0050	0.0032	0.0018	0.15	0.095	0.010	0.0041	0.0028	余量
No. 11	0.14	0.30	1.33	0.046	0.0030	0.0021	0.16	0.10	0.029	0.0045	0.0030	余量

5.2 Ce 对含铜砷钢热塑性曲线的影响

图 5-1 为不同 Ce 含量下含铜砷钢的热塑性曲线。可以看出,不含 Ce 的 No. 3 钢、含 0.0022%Ce 的 No. 8 钢和含 0.0058%Ce 的 No. 9 钢在 750~900℃温度范围内断面收缩率 RA 值非常接近,说明在 750~900℃温度范围内添加 0.0022~0.0058%的 Ce 对其热塑性改善不大,而其改善含铜砷钢热塑性的温度主要体现在 950~1100℃范围内。当 Ce 含量增加到 0.010%时,整个拉伸温度范围内断面收缩率 RA 值均提高,热塑性曲线整体高于不含 Ce 的 No. 3 钢。值得注意的是,Ce 含量达到 0.010%时热塑性断面收缩率 RA 值与不含砷的 No. 1 钢几乎相当,说明当 Ce 含量为 0.010%时含铜砷钢的热塑性就能恢复到与不含砷的 No. 1 钢相似

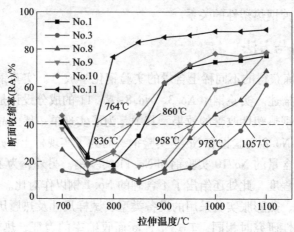

图 5-1 不同 Ce 含量下含铜砷钢的热塑性曲线

的水平。而当 Ce 含量继续增加到 0.029%，相较于 0.01%Ce 的含铜砷钢热塑性进一步提升。

类似于前面砷含量对含铜砷钢热塑性的研究，将 RA<40% 作为连铸矫直过程热裂纹的敏感区间[9]。整体来看，随着 Ce 含量由 0% 增加到 0.029%，热塑性凹槽温度范围逐渐缩小。由热塑性曲线可以看出，No.3 钢的热裂敏感区间上限温度为 1057℃ 左右，而随着 Ce 含量增加，No.8 钢、No.9 钢、No.10 钢和 No.11 钢的热裂敏感区间上限温度分别减少为 978℃、958℃、836℃ 和 764℃ 左右。这里需要指出的是，本实验中 No.3 钢、No.8 钢和 No.9 钢热裂敏感区间下限温度尚未体现出来。因 700~1100℃ 范围是连铸矫直操作过程中常为关注的塑性脆性区间[118~120]，更低温度下的热塑性实验没有继续开展。另外，随着 Ce 含量的增加，塑性凹槽低谷也发生明显变化，主要体现为向低温方向移动。对于不含 Ce 的 No.3 钢热塑性凹槽低谷温度分别出现在 750℃ 和 850℃，其中 850℃ 下塑性低谷的 RA 值更低，由前面研究可知 850℃ 下热塑性恶化时为单相奥氏体组织；而随着钢中 Ce 含量的增加，如 No.10 钢和 No.11 钢，850℃ 下的塑性低谷明显消除，只出现 750℃ 下的塑性低谷。

5.3 Ce 对含铜砷钢断口形貌的影响

图 5-2 为 700~800℃ 下热拉伸时不同 Ce 含量含铜砷钢热拉伸断口形貌图。可以看出，700℃ 下，不含 Ce 的 No.3 钢为块状沿晶韧性断裂；当 Ce 含量增加为 0.0022% 和 0.0058% 时，No.8 钢和 No.9 钢中虽然以块状沿晶韧性断裂为主，但出现少量韧窝断裂，并随着 Ce 含量增加韧窝数量增加；而 Ce 含量增加为 0.010% 和 0.029% 时，No.10 钢和 No.11 钢中块状沿晶韧性断裂特征消失，主要为韧窝状断裂。750℃ 下，不含 Ce 的 No.3 钢断口形貌为典型沿晶断裂，随着 Ce 含量为 0.0022% 和 0.0058% 时，断口形貌依然为沿晶断裂，但 Ce 含量继续增加为 0.010% 时，除了沿晶断裂为主外，还出现极少量韧窝断裂，而 Ce 含量增加为 0.029% 时 No.11 钢中明显出现韧窝断裂。800℃ 下，不含 Ce 的 No.3 钢断口形貌为沿晶断裂为主+少量韧窝断裂，随着 Ce 含量的增加，韧窝断裂的比例明显增加，尤其 Ce 含量为 0.010% 和 0.029% 时，No.10 钢与 No.11 钢为部分沿晶+部分韧窝组合的混合断裂形貌。整体而言，700~800℃ 温度范围内热拉伸时，断口形貌随着 Ce 含量的增加由块状沿晶韧性断裂向沿晶韧性断裂+少量/部分韧窝状断裂形貌转变，从而塑性得到提升。

图 5-3 为 850~1000℃ 下不同 Ce 含量含铜砷钢热拉伸断口形貌图。可以看出，850℃ 和 900℃ 下热拉伸时，不含 Ce 的 No.3 钢断口形貌为典型冰糖块状沿晶脆性断裂（图 5-3（a-1）和（a-2）），而含 0.0022%Ce 和 0.0058%Ce 的 No.8 钢

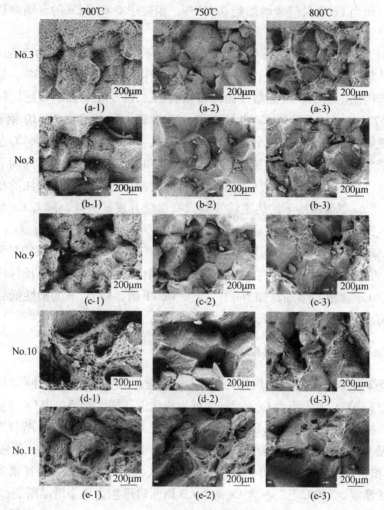

图 5-2　700~800℃下热拉伸时不同 Ce 含量含铜砷钢热拉伸断口形貌图

和 No. 9 钢的断口形貌为沿晶脆性断裂为主+少量韧窝断裂,且 No. 9 钢的韧窝状数量较 No. 8 钢更多,而 Ce 含量分别为 0.010% 和 0.029% 的 No. 10 钢与 No. 11 钢的断口形貌在这两个拉伸温度下转变为完全的韧窝状断裂(图 5-3(d-1)(d-2)与图 5-3(e-1)(e-2))。950℃下热拉伸时,不含 Ce 的 No. 3 钢断口形貌为沿晶脆性断裂+韧窝型断裂的混合断口形貌,当钢中 Ce 含量仅达到 0.0022% 时,断口形貌即转变为大而深的韧窝状断裂(图 5-3(b-3)~(e-3))。相比于 950℃ 时,1000℃下热拉伸时,No. 3 钢呈更多韧窝+少量沿晶脆性断裂的混合断口形貌,随着 Ce 含量增加,沿晶脆性断裂逐渐消失,直至最后 No. 11 中单一大而深的完全韧窝型断裂(图 5-3(b-4)~(e-4))。

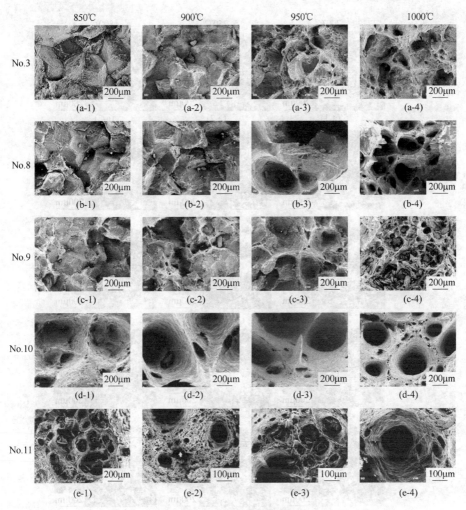

图 5-3 850~1000℃下不同 Ce 含量含铜砷钢热拉伸断口形貌图

　　总体来看，钢中 Ce 含量越高，出现塑性的韧窝状断裂的温度就越低。随着 Ce 含量由 0 增加到 0.0022%、0.0058%、0.010%、0.029%，完全韧窝状断裂发生温度分别从 1000℃ 降低到 950℃、950℃、850℃、850℃。众所周知，沿晶脆性断裂会使含铜砷钢塑性降低，而当沿晶脆性断裂转变为韧窝状断裂时，其塑性会得到恢复，从而提高钢热塑性，断口形貌的转变规律与图 5-1 中热塑性曲线断面收缩率变化规律相一致。

5.4　Ce 对含铜砷钢纵截面显微组织

　　图 5-4 为 700~800℃下不同 Ce 含量的含铜砷钢热拉伸断口纵截面显微组织图。700℃下热拉伸时，不含 Ce 的 No.3 钢和含 0.0022%Ce 的 No.8 钢可以看到

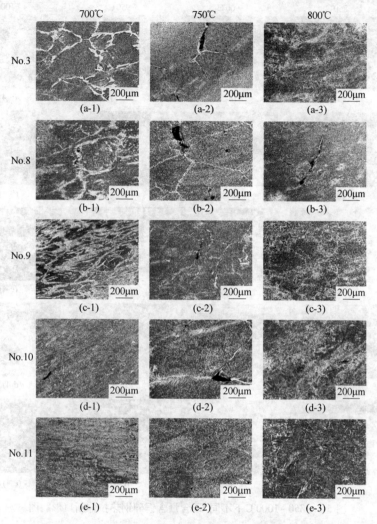

图 5-4 700~800℃下不同 Ce 含量的含铜砷钢热拉伸断口纵截面显微组织图

明显沿晶分布的粗状先共析铁素体（图 5-4（a-1）和（b-1）），且粗状先共析铁素体附近伴有少量裂纹；而含 0.0058%Ce 的 No.9 钢虽然同样能观察到粗状先共析铁素体，但就其沿晶特性而言，相较于 No.3 钢和 No.8 钢不显著（图 5-4（c-1））；含 0.010%Ce 的 No.10 钢与含 0.029%Ce 的 No.11 钢沿晶先共析铁素体大幅减少，出现大量晶内铁素体，铁素体的沿晶特性很难辨别（图 5-4（d-1）与（e-1））。750℃下热拉伸时，No.3 钢、No.8 钢、No.9 钢和 No.10 钢热拉伸断口纵截面显微组织中均发现网状薄膜沿晶先共析铁素体，且在网状薄膜沿晶先共析铁素体处产生明显裂纹，而 No.11 钢不存在明显的网状结构。800℃下热拉伸试样时，No.3 钢中仍出现网状薄膜沿晶先共析铁素体，但相较于 750℃，沿晶铁素体不那么明显（图 5-4（a-3）），No. 8 钢出现薄膜状沿晶先共析铁素体且伴随裂纹发生（图 5-4（b-3）），No. 9 钢中沿晶铁素体明显减少，No. 10 钢与 No. 11 钢在此温度下甚至未发现沿晶铁素体的存在。总之，700~800℃温度范围内热拉伸时，随着 Ce 含量由 0 增加为 0.029%，沿晶先共析铁素体逐渐减少甚至很难观察到。

另外，750℃下裂纹的萌生与扩展往往发生在薄膜状沿晶先共析铁素体内或薄膜状沿晶先共析铁素体与奥氏体相界面上（图 5-4（a-2）~（d-2））；然而，随着拉伸温度降低如 700℃，沿晶先共析铁素体变厚，其产生裂纹概率也降低（图 5-4（a-1）~（c-1））。这意味着网状薄膜沿晶先共析铁素体的存在对钢的热塑性极为不利，会严重恶化各实验钢的热塑性，这应该是不同 Ce 含量实验钢在 750℃ 处出现热塑性低谷的原因。此外，850~1000℃下不同 Ce 含量的含铜砷钢热拉伸断口纵截面显微组织如图 5-5 所示。可以看出，在热拉伸温度 850℃以上，所有

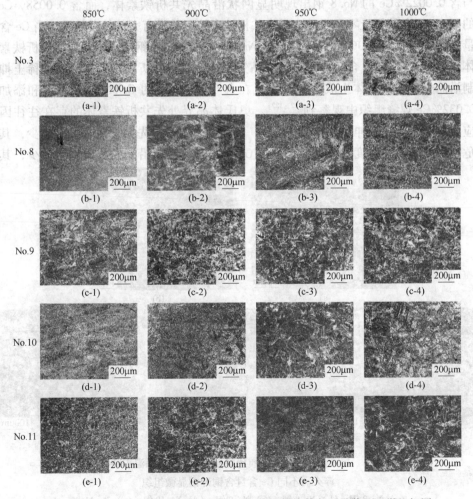

图 5-5　850~1000℃下不同 Ce 含量的含铜砷钢热拉伸断口纵截面显微组织图

实验钢尚未发现铁素体组织，说明 850℃ 以上拉伸时不同 Ce 含量实验钢均处于奥氏体单相区。

5.5　Ce 改善含铜砷钢热塑性的机制

5.5.1　Ce 对沿晶先共析铁素体析出的影响

　　正如 5.4 小节断口纵截面显微组织分析结果，700~800℃ 温度范围内热拉伸时，随着 Ce 含量增加，沿晶先共析铁素体数量逐渐减少。为考察拉伸前 Ce 含量对实验钢显微组织的影响，尤其是沿晶先共析铁素体的析出情况，在 DIL850 型热膨胀仪上，ϕ4mm×10mm 的圆柱经相同热履历后同样以 3℃/s 降到 700℃，保温 180s 后直接淬火，所获显微组织如图 5-6 所示。可以看出，不含 Ce 的 No.3 钢与含 0.0022%Ce 的 No.8 钢出现明显网状沿晶先共析铁素体，而含 0.0058%Ce 的 No.9 钢在晶界上零星出现少量先共析铁素体，并没有完整包裹晶界，当 Ce 含量继续增加到 0.010% 和 0.029% 时，No.10 钢和 No.11 钢中很难发现先共析铁素体。因此，随着 Ce 含量的增加，沿晶先共析铁素体的析出被抑制。添加稀土抑制沿晶先共析铁素体生成这一现象也在含 0.051%Ce 的 Cr-Mo 低合金钢和添加 0.032%Ce 焊缝组织中观察到[121,122]。奥氏体晶界处先共析铁素体的存在往往因应力集中造成热拉伸过程塑性的恶化。热拉伸之前沿晶先共析铁素数量越少，其危害钢热塑性的程度越低，因而钢中 Ce 含量越高，因沿晶先共析铁素体少，其

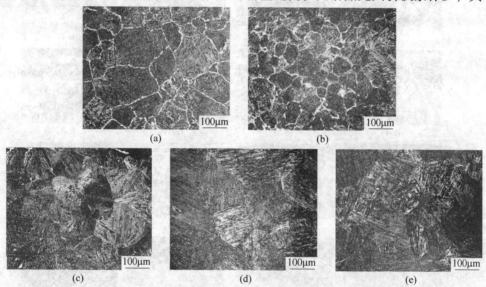

图 5-6　与热拉伸时相同热履历降温至 700℃ 并保温 180s 直接
淬火后不同 Ce 含量含铜砷钢显微组织

（a）No.3 钢；（b）No.8 钢；（c）No.9 钢；（d）No.10 钢；（e）No.11 钢

热塑性越高。值得注意的是，在 700℃下热拉伸时 No. 10 钢与 No. 11 钢均出现大量晶内铁素体（图 5-4 (d-1) 与 (e-1)），但未进行热拉伸的 No. 10 钢与 No. 11 钢却没有出现（图 5-6 (d) 与 (e)），这可能与热拉伸过程中应力诱导相变从而导致更多晶内铁素体析出所致，其原因还需更为详细的实验讨论。

5.5.2　Ce 对动态再结晶的影响

图 5-7 为 700~1100℃温度范围内热拉伸时 No. 3 钢、No. 8 钢、No. 11 钢的应力-应变曲线。可以看出，对于不含 Ce 的 No. 3 钢，在 950℃下热拉伸时应力达到峰值后立即发生断裂，其在 1000℃时应力达到峰值后缓慢降低同时出现应力波动现象，表明 1000℃下开始发生动态再结晶；而对于含 0.0022%Ce 的 No. 8 钢和含 0.029%Ce 的 No. 11 钢分别在 950℃和 900℃下热拉伸时即出现应力达到峰值后缓慢降低及应力波动现象。也就是说随着 Ce 含量增加，No. 3 钢、No. 8 钢和 No. 11

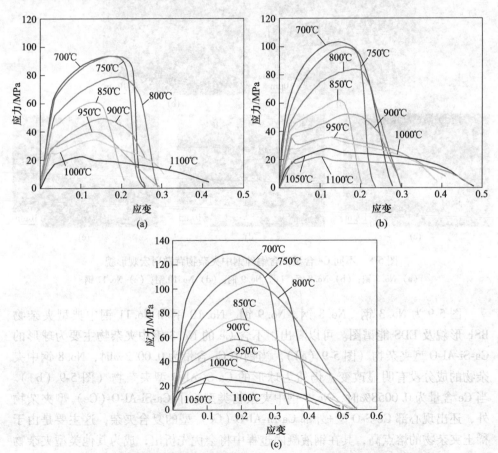

图 5-7　不同 Ce 含量含铜砷钢热拉伸应力-应变曲线

(a) No. 3 钢；(b) No. 8 钢；(c) No. 11 钢

钢发生动态再结晶的温度逐渐由 1000℃ 降低为 950℃ 和 900℃。这表明添加 0.0022%~0.029%Ce 可以促进动态再结晶提前发生。动态再结晶的发生可以使晶界发生快速迁移，由于晶界的迁移速度高于其滑移速度，变形过程中形成的微裂纹将会被包围在晶粒中，从而是裂纹的聚集和长大困难，因而可以提高含铜砷钢的热塑性。

5.5.3　Ce 对夹杂物种类及元素晶界偏聚的影响

图 5-8 为不同 Ce 含量下含铜砷钢中夹杂物背散射宏观形貌图。可以看出，随着 Ce 含量的增加，夹杂物由暗黑色逐渐向白亮色转变，表明夹杂物种类发生了很大变化，同时伴随着夹杂物的数量及尺寸的增加。

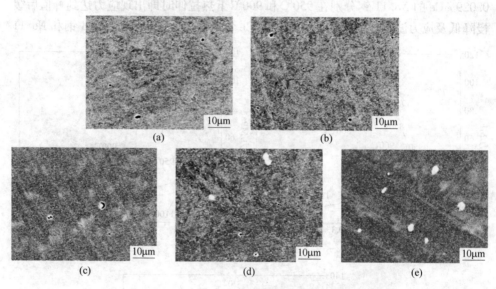

图 5-8　不同 Ce 含量下含铜砷钢中夹杂物背散射宏观形貌
(a) No. 3 钢；(b) No. 8 钢；(c) No. 9 钢；(d) No. 10 钢；(e) No. 11 钢

图 5-9 为 No. 3 钢、No. 8 钢、No. 9 钢、No. 10 钢和 No. 11 钢中典型夹杂物 BSE 形貌及 EDS 能谱图。可以看出，不含 Ce 的 No. 3 钢中夹杂物主要为球形的 Ca-Si-Al-O 型夹杂物（图 5-9 (a)）。当钢中 Ce 含量为 0.0022% 时，No. 8 钢中夹杂物的成分没有明显改变，仍然为球形的 Ca-Si-Al-O 型夹杂物（图 5-9 (b)）。当 Ce 含量为 0.0058% 时，No. 9 钢中夹杂物类型除了 Ca-Si-Al-O-(Ce) 型夹杂物外，还出现心部 Ce-S-O 型+外部 Ca-Si-Al-O-(Ce) 型的复合夹杂，这主要是由于稀土夹杂物的熔点高，其在钢液凝固过程中将会优先析出，成为其他类型夹杂物的异质形核核心。随着 Ce 含量增加为 0.010%，No. 10 钢中夹杂物成分发生明显改变，几乎所有夹杂物类型为椭圆状的 Ce-Al-S-O 型稀土夹杂，但未发现含砷稀

土夹杂物。当 Ce 含量达到 0.029% 时，No.11 钢中除了存在近圆形的 Ce-S-O 型
稀土夹杂物外，还存在不规则的 Ce-S-O-As 型和 Ce-As 型两种含砷稀土夹杂物。

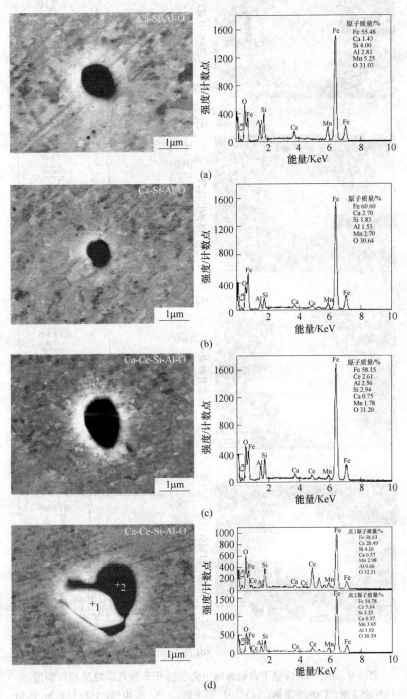

(a)

(b)

(c)

(d)

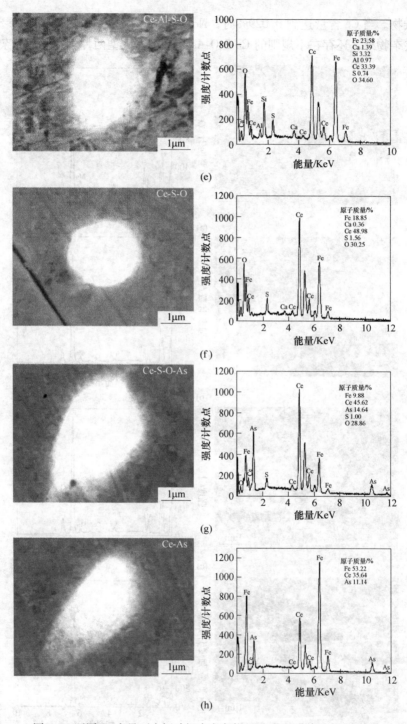

图 5-9　不同 Ce 含量下含铜砷钢中夹杂物 BSE 微观形貌及 EDS 能谱
(a) No. 3 钢；(b) No. 8 钢；(c)(d) No. 9 钢；(e) No. 10 钢；(f)~(h) No. 11 钢

　　为了进一步确定稀土夹杂物为单一类型还是复合类型，同时明晰 As 在稀土夹杂物中的分布情况，对 No.10 钢和 No.11 钢中夹杂物进行 SEM 面扫描分析，结果如图 5-10 所示。No.10 钢中，对于 Ce-Al-S-O 型夹杂，Ce 元素和 O 元素均匀分布于整个夹杂物中，S 元素也分布于整个夹杂物之中但不完整，而 Al 元素则只部分分布于夹杂物的边部，表明为 Ce-S-O 与 Ce-Al-O 型相互嵌套的复合夹杂（图 5-10（a））。No.11 钢中，对于 Ce-S-O 型夹杂物，Ce 元素、S 元素、O 元素的集中区域重合且均于分布于整个夹杂物中（图 5-10（b）），且未发现 As 元素于夹杂物中的富集，表明为单一型的 Ce-S-O 型夹杂；对于 Ce-S-O-As 型夹杂物，Ce 元素均匀分布于整个夹杂物中，O 元素的集中区域明显少于 Ce 元素，主要分布于夹杂物的心部，而 S 元素与 As 元素的集中区域似乎呈既不相容又互补的特征（图 5-10（c）），表明 Ce-S-O-As 型夹杂物为内部 Ce-S-O 型+外部 Ce-As 型夹杂物的复合型夹杂物；而对于 Ce-As 型夹杂物中，Ce 与 As 元素的分布位置重合且无内外层明显交界线（图 5-10（d）），表明为单一的 Ce-As 类夹杂物，同时还发现 Ce-As 类夹杂物易脆，经磨制后夹杂物像有"小尾巴"一样。

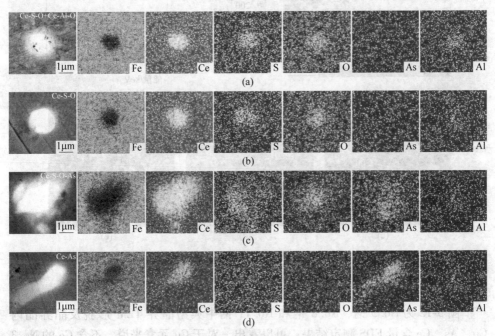

图 5-10　不同类型夹杂物 BSE 微观形貌及面扫描分析
（a）No.10 钢；（b）~（d）No.11 钢

　　为确定含砷稀土夹杂物物相结构，对 No.11 钢中 Ce-As 类夹杂物 TEM 分析，结果如图 5-11 所示。根据透射电镜 EDS 能谱及电子衍射花样标定可知，Ce-As 类夹杂物同样为面心立方结构 CeAs 相，其晶格参数为 $a=6.075\mathrm{nm}$，电子衍射花样

分别为 [001]，[Ī12] 和 [2̄40]。由夹杂物成分、面扫描及透射电镜电子衍射花样分析可以得出，随着 Ce 含量由 0 增加到 0.029%，感应炉冶炼所得各实验钢中典型夹杂物种类的演变规律为 Ca-Si-Al-O→Ca-Si-Al-O→单一 Ca-Si-Al-O-(Ce)和心部 Ce-S-O+外部 Ce-Al-O 复合型→Ce-S-O+Ce-Al-O 复合型→Ce-S-O-As 和 CeAs 相，这与前面钼丝炉实验中含砷稀土夹杂物种类演变规律具有类似之处。另外，感应炉冶炼钢种中 Ce 含量为 0.029%时出现含砷稀土夹杂物，实际上这一含量的设计是以钼丝炉实验中 Ce 含量为 0.037%时出现不少含砷稀土夹杂物为依据而适当降低的。

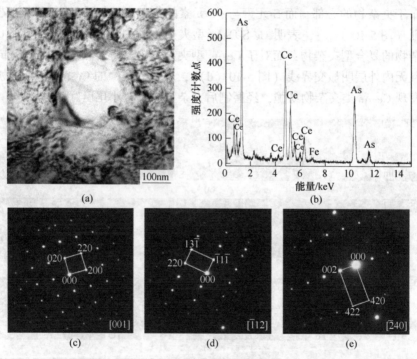

图 5-11　No.11 钢中 Ce-As 类夹杂物 TEM 分析
(a) 明场像；(b) EDS 能谱；(c)~(e) 电子衍射花样

图 5-12 为 No.3 钢、No.8 钢和 No.11 钢中典型晶界 TEM 形貌及晶界晶内 Cu、As、Ce 含量 EDS 测定结果。可以看出，对于 Cu 元素来说，不含 Ce 的 No.3 钢，晶界处 Cu 含量要高于基体处，而含 0.0022% Ce 的 No.8 钢和含 0.029% Ce 的 No.11 钢中晶界处 Cu 含量几乎于基体处持平。对于 As 元素来说，不含 Ce 的 No.3 钢晶界处 As 含量为基体 As 含量的 1.47 倍，含 0.0022%Ce 的 No.8 钢晶界处 As 含量为基体的 1.2 倍，As 在晶界处偏聚弱化，而含 0.029%Ce 的 No.11 钢晶界处 As 含量为 0.135%，其基体中的 As 含量为 0.163%，晶界处 As 含量较基

体中少。另外，对于含 0.0022%Ce 的 No.8 钢，晶界和基体中 Ce 含量分别为 0.390%和 0.173%，对于含 0.029%Ce 的 No.11 钢中晶界和基体中 Ce 含量分别为 0.483%和 0.445%。虽然不同 Ce 含量下晶界晶内 Ce 含量有差别，但总体而言晶界上 Ce 含量高于基体中，表明 Ce 也会相应偏聚于晶界。因此，Ce 含量的增加能够减少甚至抑制铜砷的晶界偏聚。应该指出的是，上述元素含量的测定是由 EDS 测得，这与表 5-1 中化学分析法测得的成分是不同的。

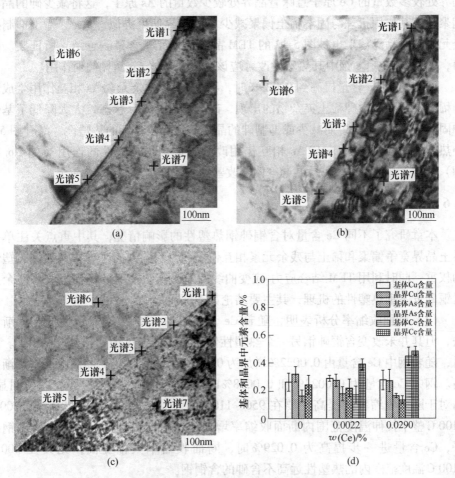

图 5-12　No.3 钢、No.8 钢和 No.11 钢中典型晶界 TEM 形貌及晶内晶界元素含量 EDS 结果
(a) No.3 晶界；(b) No.8 晶界；(c) No.11 晶界；(d) 晶内晶界 Cu、As、Ce 含量

　　基于图 5-9 中的夹杂物成分分析结果可知，含 0.0022%Ce 的 No.8 钢中夹杂物为 Ca-Si-Al-O 型，而未出现含砷稀土夹杂物，这意味着在此 Ce 含量下 Ce 与 As 应该全部固溶于基体中。钢中 Ce 含量为 0.0025%～0.0031%时以固溶形式存在也被其他研究所报道[123,124]。根据 McLean 理论[13]，溶质与基体的晶格畸变能

差值为溶质发生晶界偏聚的驱动力。溶质与基体的原子尺寸差别越大，溶质元素固溶导致的晶格畸变能差值也就越大，溶质元素就更容易发生晶界偏聚。依据文献，Ce、As 和 Fe 的原子半径分别为 0.182nm[125]、0.139nm[126]、0.126nm[126]。可以看出，固溶 Ce 与基体 Fe 的原子半径差值大于 As 与 Fe 的原子半径差值。因此，为降低系统的总能量，固溶的 Ce 原子将优先 As 原子偏聚于晶界。换言之，固溶的 Ce 与 As 之间存在竞争偏聚的关系。在一定数量的晶界偏聚位置条件下，晶界处较多数量的 Ce 原子意味着晶界处较少数量的 As 原子，这将减少砷的晶界偏聚量，其作用机理与固溶稀土偏聚减少 S 的晶界偏聚类似[127,128]。稀土抑制残余元素砷的晶界偏聚也被图 5-12 的 TEM 晶界晶内元素含量测定结果所证实。因而，含 0.0022%Ce 钢中其热塑性改善应该为固溶基体 Ce 晶界偏聚作用。

而当钢中 Ce 含量提高到 0.029%时，稀土 Ce 与残余元素 As 相互作用生成含砷稀土夹杂物。含砷稀土夹杂物的出现，改变了砷的赋存状态，大大降低了基体中固溶 As 的含量，进而减少或抑制砷的晶界偏聚，改善钢的热塑性。结合图 5-1 中热塑性曲线结果，Ce 与 As 相互作用改善含铜砷钢热塑性的作用（如 No.11 钢）要强于固溶 Ce 单一晶界竞争偏聚改善热塑性作用（如 No.8 钢）。

5.6 本章小结

本章研究了不同 Ce 含量对含铜砷钢热塑性的影响情况，其中重点关注单一稀土晶界竞争偏聚和稀土与残余元素相互作用两个不同方面改善含铜砷钢热塑性的权重，同时利用 TEM 结合应力-应变曲线及显微组织情况分析稀土改善残余元素铜砷危害钢热塑性的机理，其主要结论如下：

（1）断面收缩率分析表明，随着 Ce 含量增加，850℃下热塑性低谷逐渐消失，但其并未改变含铜砷钢另一个热塑性低谷出现的温度值，依然为 750℃。同时，随着钢中 Ce 含量由 0.0022%增加为 0.029%，含铜砷钢的断面收缩率逐渐提高。钢中 Ce 含量为 0.0022%和 0.0058%时，750~900℃的热塑性改善不明显，而对于断面收缩率的提高主要在 950~1100℃。当 Ce 含量为 0.010%时，700~1100℃整个拉伸温度范围内断面收缩率增加，热塑性恢复到不含砷的含铜钢水平，Ce 含量进一步提高为 0.029%时，断面收缩率大幅提高，尤其在 800~1100℃温度范围内的热塑性远高不含砷的含铜钢。

（2）断口形貌研究发现，总体上而言，随 Ce 含量增加断口由完全沿晶断裂或沿晶断裂+韧窝性断裂转变为完全韧窝状塑性断裂。显微组织分析表明，750℃热塑性低谷的出现是由于沿晶铁素体的存在所导致的。在奥氏体+铁素体两相区（700~800℃），随着 Ce 含量的增加，Ce 抑制沿晶铁素体的生成为改善奥氏体+铁素体两相区热塑性的原因之一。

（3）添加 0.0022%~0.029%Ce 能够促进动态再结晶的发生，进而提升钢的热塑性。夹杂物分析发现，不含 Ce 的含铜砷钢，夹杂物主要为 Ca-Si-Al-O 型夹杂物；Ce 含量为 0.0022%时，钢中夹杂物类型依然主要为 Ca-Si-Al-O 型夹杂物；Ce 含量为 0.0058%时，钢中夹杂物类型为 Ca-Si-Al-O 型夹杂物和心部 Ce-S-O+外部 Ca-Si-Al-O 复合型夹杂物，Ce 含量为 0.010%时，钢中夹杂物主要为 Ce-S-O+Ce-Al-O 复合型夹杂物；继续增加 Ce 含量为 0.029%时，钢中夹杂物类型转为主控的 Ce-S-O-As、Ce-As 夹杂，还有部分的 Ce-S-O 型夹杂物。透射电镜结合夹杂物分析表明，0.0022%Ce 含量下，Ce 与 As 未相互作用，Ce 与 As 的晶界竞争偏聚为热塑性提高的原因；而 0.029%下，稀土与砷的相互作用减少了钢中基体固溶砷含量，减少了砷的晶界偏聚量，进而相比于低 Ce 含量时其改善热塑性的效果更优越。

6 稀土 Ce 对含铜砷钢高温氧化和热裂性的抑制

在钢的加热过程中，残余元素会发生氧化富集而形成熔融液相，极易沿晶界浸润钢基体进而导致后续热加工过程钢材表面的开裂。为消除铜脆危害钢热加工性的影响，冶金工作者开展了不少研究。其中，通过添加镍来改善含铜或含铜锡钢热脆性效果较为显著[129]，另外也有研究指出，提高钢中硅元素含量也能一定程度改善铜或铜锡所引发的热脆性[130]。但就钢铁生产过程顺行所较为关心的热塑性和热裂性而言，无论是添加镍还是硅，对于热塑性的改善往往无能为力。而从目前的报道来看，稀土在提高钢或合金的抗氧化性能方面的效用不容否认。因而，稀土在同时改善含残余元素钢的热塑性和热裂性方面具有其独特的优势。然而，目前稀土改变钢中残余元素铜砷的氧化富集行为进而抑制或消除铜砷诱发的钢表面开裂问题缺乏系统的研究。

因此，本章开展稀土影响含铜砷钢高温氧化性和热加工性的研究，主要从氧化动力学、氧化层形貌、氧化层/基体界面处铜砷氧化富集和热裂性几个方面探究稀土 Ce 对含铜砷钢的改善效用及机制，以期结合热塑性研究结果系统掌握稀土 Ce 对改善热塑性和热加工性的综合效果。

6.1 实验材料与方法

不同 Ce 含量的含铜砷钢等温氧化实验依然采用挂丝热重法研究，其具体的实验过程与 3.1.1 节相同。氧化结束后，为保护试样的氧化层结构，利用环氧树脂进行冷镶制样。利用 AXIO VERT A1 型金相显微镜（OM）观察氧化层纵截面形貌。利用 D8 ADVANCE 型 X 射线衍射仪确定氧化层的物相结构，分别采用 JSM-6510 型和 Sigma 300 型扫描电镜观察氧化层表面形貌和氧化层与钢基体界面处铜砷富集情况。用于评估添加 Ce 抑制铜砷引发热裂的热压缩实验具体过程也与 3.1.2 节相同。

6.2 Ce 对含铜砷钢氧化动力学曲线的影响

图 6-1 为不同 Ce 含量下含铜砷钢氧化 7200s 的等温氧化动力学曲线及不同氧化阶段的拟合结果。可以看出，在同一温度下，随着 Ce 含量的增加，单位面积

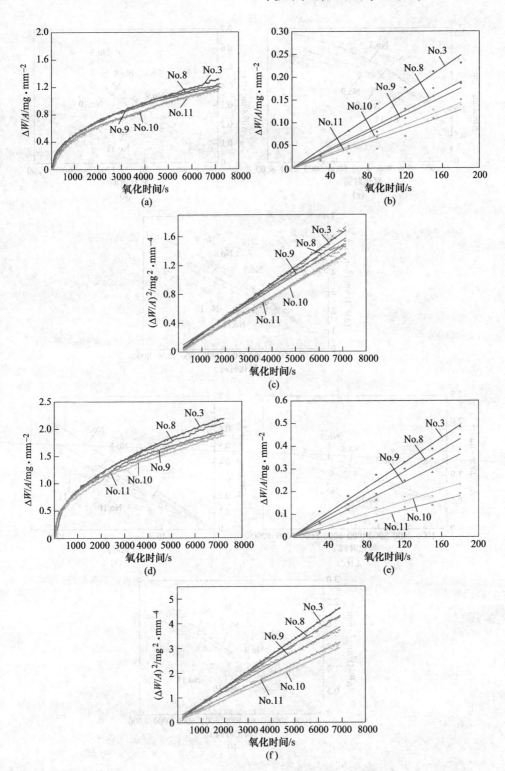

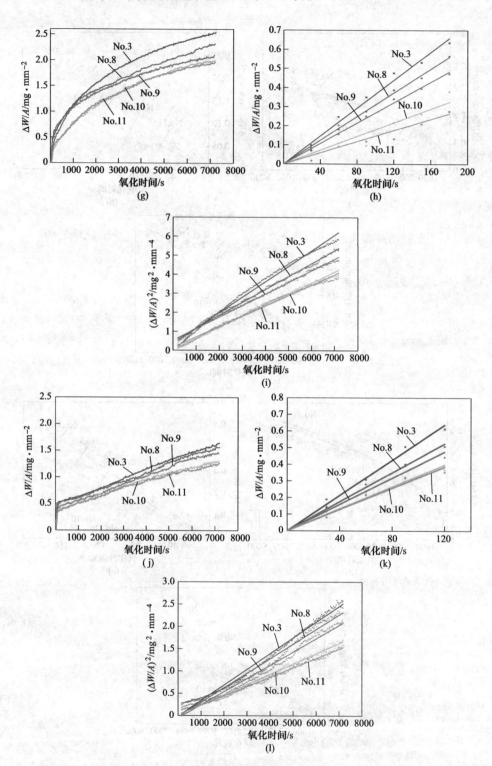

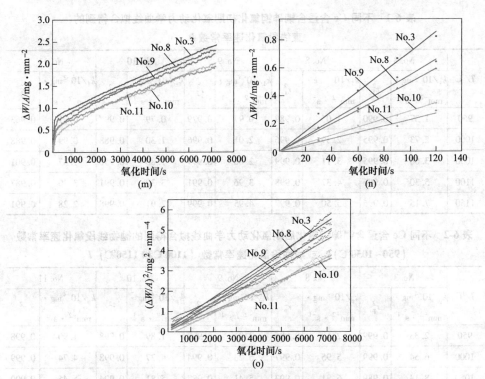

图 6-1 950~1150℃下不同 Ce 含量含铜砷钢氧化 7200s 的等温
氧化动力学曲线及不同氧化阶段拟合结果

（a）950℃氧化动力学曲线；（b）950℃直线段拟合；（c）950℃抛物线段拟合；

（d）1000℃氧化动力学曲线；（e）1000℃直线段拟合；（f）1000℃抛物线段拟合；

（g）1050℃氧化动力学曲线；（h）1050℃直线段拟合；（i）1050℃抛物线段拟合；

（j）1100℃氧化动力学曲线；（k）1100℃直线段拟合；（l）1100℃抛物线段拟合；

（m）1150℃氧化动力学曲线；（n）1150℃直线段拟合；（o）1150℃抛物线段拟合

氧化增重量 $\Delta W/A$ 逐渐降低。由此得出，稀土 Ce 添加量在 0.0022%~0.029%范围内能够提高含铜砷钢抗氧化能力。另外，不同 Ce 含量含铜砷实验钢的氧化增重曲线在 950℃、1000℃与 1050℃下均遵循先直线段后期抛物线段氧化规律，而在 1100℃与 1150℃时氧化增重曲线转变为双直线段氧化规律。一般而言，随着氧化温度的升高，氧化增重量呈现逐渐增加趋势，而本实验中无论稀土含量高低，含铜砷 1100℃相较于 1050℃氧化增重量降低且氧化规律由抛物线转变为线性，意味着此时不同稀土含铜砷钢氧化机理发生改变。表 6-1 和表 6-2 为氧化初期直线段与氧化后期抛物线段或直线段氧化速率常数结果。为进一步分析不同阶段氧化速率常数与 Ce 含量及温度的关系，表 6-1 和表 6-2 中的氧化速率常数绘制于图 6-2 中。可以看出：稀土 Ce 含量在 0.0022%~0.029%均能降低氧化前期线性氧化段和氧化后期抛物线段或线性段的氧化速率常数。

表 6-1　不同 Ce 含量含铜砷钢氧化初期氧化动力学曲线拟合得到的

直线段氧化速率常数 k_1

$T/℃$	No. 3		No. 8		No. 9		No. 10		No. 11	
	$k_1/10^{-3} \text{mg} \cdot \text{mm}^{-2} \cdot \text{s}^{-1}$	r_1^2	$k_1/10^{-3} \text{mg} \cdot \text{mm}^{-2} \cdot \text{s}^{-1}$	r_1^2	$k_1/10^{-3} \text{mg} \cdot \text{mm}^{-2} \cdot \text{s}^{-1}$	r_1^2	$k_1/10^{-3} \text{mg} \cdot \text{mm}^{-2} \cdot \text{s}^{-1}$	r_1^2	$k_1/10^{-3} \text{mg} \cdot \text{mm}^{-2} \cdot \text{s}^{-1}$	r_1^2
950	1.37	0.990	1.05	0.989	0.97	0.979	0.79	0.997	0.71	0.963
1000	2.73	0.995	2.39	0.996	2.01	0.996	1.30	0.988	0.99	0.988
1050	3.66	0.995	3.11	0.999	2.68	0.999	1.80	0.956	1.47	0.901
1100	5.30	0.996	4.37	0.998	3.96	0.991	3.30	0.991	3.20	0.987
1150	7.15	0.996	5.50	0.997	4.95	0.999	2.91	0.998	2.28	0.991

表 6-2　不同 Ce 含量含铜砷钢氧化后期氧化动力学曲线拟合得到的抛物线段氧化速率常数

（950~1050℃）k_p 或线性段氧化速率常数（1100℃和1150℃）k_l

$T/℃$	No. 3		No. 8		No. 9		No. 10		No. 11	
	$k_p/10^{-4} \text{mg} \cdot \text{mm}^{-2} \cdot \text{s}^{-1}$	r_p^2	$k_p/10^{-4} \text{mg} \cdot \text{mm}^{-2} \cdot \text{s}^{-1}$	r_p^2	$k_p/10^4 \text{mg} \cdot \text{mm}^{-2} \cdot \text{s}^{-1}$	r_p^2	$k_p/10^{-4} \text{mg} \cdot \text{mm}^{-2} \cdot \text{s}^{-1}$	r_p^2	$k_p/10^{-4} \text{mg} \cdot \text{mm}^{-2} \cdot \text{s}^{-1}$	r_p^2
950	2.33	0.999	2.12	0.995	2.01	0.998	1.89	0.998	1.90	0.998
1000	6.54	0.999	5.95	0.997	5.23	0.994	4.27	0.998	4.74	0.999
1050	8.14	0.989	6.81	0.993	5.41	0.987	5.81	0.994	5.45	0.990
$T/℃$	$k_1/10^{-4} \text{mg} \cdot \text{mm}^{-2} \cdot \text{s}^{-1}$	r_1^2	$k_1/10^{-4} \text{mg} \cdot \text{mm}^{-2} \cdot \text{s}^{-1}$	r_1^2	$k_1/10^{-4} \text{mg} \cdot \text{mm}^{-2} \cdot \text{s}^{-1}$	r_1^2	$k_1/10^{-4} \text{mg} \cdot \text{mm}^{-2} \cdot \text{s}^{-1}$	r_1^2	$k_1/10^{-4} \text{mg} \cdot \text{mm}^{-2} \cdot \text{s}^{-1}$	r_1^2
1100	3.52	0.986	3.26	0.976	2.97	0.979	2.29	0.992	2.09	0.993
1150	7.43	0.989	6.93	0.988	6.46	0.993	5.45	0.986	4.95	0.995

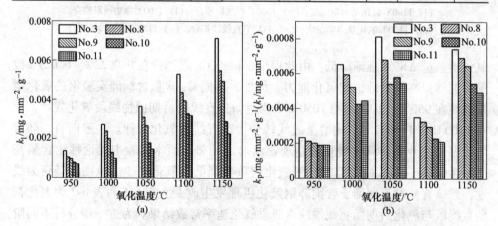

图 6-2　不同 Ce 含量下各实验钢初期线性氧化速率常数及后期抛物线或

线性氧化速率常数与各温度柱状关系图

（a）氧化初期线性速率常数；（b）950~1050℃氧化后期抛物线速率常数和1100℃、1150℃线性速率常数

　　依据式（3-4），线性拟合 950℃、1000℃ 和 1050℃ 下不同 Ce 含量含铜砷钢的 $\ln k_p$ 与 $-1/(RT)$，其拟合结果如图 6-3 所示。可以看出，随着钢中 Ce 含量由 0 增加为 0.0022%、0.0058%、0.01% 和 0.029%，含铜砷钢的氧化激活能 Q 分别由 175.78kJ/mol 增加为 180.91kJ/mol、181.85kJ/mol、183.81kJ/mol 和 185.40kJ/mol。结果表明，随着稀土 Ce 的增加，氧化所需的激活能逐渐提高，氧化过程变得困难，因而氧化增重量逐渐降低。

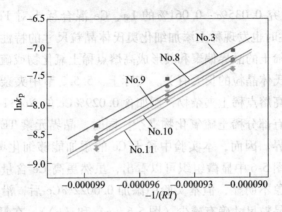

图 6-3　不同 Ce 含量下含铜砷钢抛物线氧化速率常数与温度关系的拟合结果

6.3　Ce 对含铜砷钢氧化层表面及纵截面形貌的影响

　　图 6-4 为不同温度下 No.3 钢与 No.11 钢表面氧化膜的 SEM 形貌。可以看出，表面氧化膜都是由微小的晶粒组成的，但随着氧化温度的升高，氧化膜晶粒呈现逐渐粗大的趋势。另外，在同一温度下，0.029%Ce 的 No.11 钢较不含 Ce 的 No.3 钢氧化晶粒更加细小，这表明 Ce 的添加能够细化表面氧化膜晶粒的尺寸。钢中添加混合稀土 La、Ce 能够细化表面氧化膜晶粒的现象同样也被陈伟鹏[131]观察到。

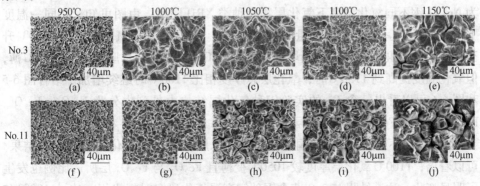

图 6-4　不同温度下 No.3 钢与 No.11 钢表面氧化膜的 SEM 形貌

钢中添加稀土细化氧化膜晶粒可能与添加稀土后钢的奥氏体晶粒尺寸细化有关。Wen Bin 等[132]通过激光扫描共聚焦显微镜（LSCM）原位在线观察晶内针状铁素体形成时发现，加热至 1200℃ 的过程中，含 0.02%Ce 的 C-Mn 钢的奥氏体晶粒尺寸比不含稀土的钢中要小。Xin W B 等[133]利用沿晶铁素体析出以勾勒奥氏体晶粒的方法研究添加 0.0016%~0.035%Ce 对 C-Mn 钢中晶粒细化时发现，随着 Ce 含量增加奥氏体晶粒逐渐细化。王立辉等[134]采用电子背散射衍射（EBSD）技术研究 0.035%~0.061% 的 La、Ce 混合稀土对 Fe-C-Mn 系 TRIP/TWIP 钢晶粒特性时也发现稀土添加细化奥氏体晶粒尺寸的特性。奥氏体晶粒尺寸的细化应该与稀土的晶界偏聚和其形成高熔点稀土氧化物或硫氧化物粒子钉轧晶界从而抑制奥氏体晶粒的长大有关。实际上，5.5.3 节中夹杂物分析发现添加稀土后能够形成高熔点稀土夹杂物，例如含 0.029%Ce 的 No. 11 钢中除了含砷稀土夹杂物外，还有部分稀土硫氧化物夹杂。同时，晶界元素 TEM 分析表明，Ce 偏聚于奥氏体晶界。因而，本实验中稀土 Ce 的添加能够细化奥氏体晶粒尺寸。实际上，由前面图 5-6 中显微组织可以看出，虽然更高 Ce 含量下由于沿晶铁素体析出被抑制现象不明显，但本实验中添加 0.0022%Ce 后，沿晶先共析铁素体勾勒出的奥氏体晶粒尺寸确有减少（图 5-6（a）和（b））。在氧化过程中，因晶界一般缺陷较多发生优先氧化，因此在氧化初期表面氧化膜形成时会形成明显的缝隙或沟壑，进而展示出氧化膜颗粒尺寸，沟壑形态在图 6-4 中 1000℃ 和 1050℃ 下氧化时尤为明显。换句话说，在试样整个表面形成完整氧化膜晶粒时，奥氏体晶粒尺寸与氧化膜晶粒尺寸有正比的关系。另外，当氧化初期完成后即完整氧化膜形成后，进入氧在氧化层中限制性扩散的氧化后期，依据 Harrison 晶体 B 型动力学扩散模型，1000℃ 和 1050℃ 下，晶界扩散的扩散速度高于基体扩散。因奥氏体晶粒细化，晶界路径更加幽长，氧沿晶界的扩散路径变得更加曲折，因而可能起到减少氧化的作用。

图 6-5 为不同 Ce 含量及不同氧化温度下含铜砷钢氧化层纵截面形貌。图 6-6 为 No. 11 钢不同氧化温度下氧化层物相种类 XRD 图谱。由图可知，在同一温度下，氧化层总厚度随着 Ce 含量的增加而降低。此外，随着氧化温度由 1000℃ 升至 1050℃，氧化层总厚度逐渐增加，而 1100℃ 时，氧化层总厚度要较 1050℃ 薄，但氧化温度提高到 1150℃ 时，氧化层总厚度相比 1100℃ 时继续增加。结合图 6-5 和图 6-6 可以看出，含 Ce 的实验钢种氧化层结构由外到内分为 Fe_2O_3、Fe_3O_4、$FeO+Fe_3O_4$ 和 $FeO+Fe_2SiO_4$ 四层结构。

图 6-7 为不同 Ce 含量含铜砷钢氧化层总厚度及不同氧化层比例统计结果。可以看出，1100℃ 氧化层厚度较 1050℃ 变薄且 Fe_2O_3 与 Fe_3O_4 层所占比例也发生了明显变化，这一结果与 3.3 节含铜砷钢高温氧化研究时规律相一致。1100℃ 和

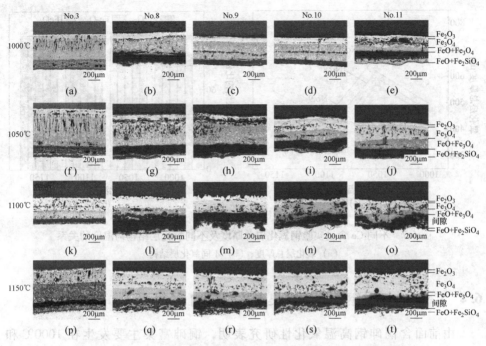

图 6-5 不同 Ce 含量及不同氧化温度下含铜砷钢氧化层纵截面形貌

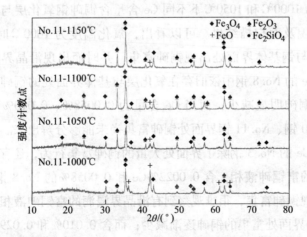

图 6-6 不同氧化温度下 No.11 钢氧化层的 XRD 分析结果

1150℃时氧化动力学曲线脱离抛物线规律转变氧化机理的原因与含铜砷钢时相同，在此不再赘述。值得注意的是，与不含 Ce 的 No.3 钢相比，含 Ce 钢中的 FeO 层中的长条状缝隙数量明显减少，这说明 Ce 能够提高氧化层的致密性进而起到保护性氧化的作用。

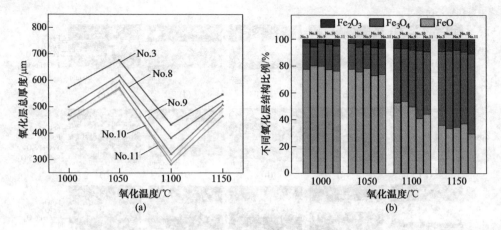

图 6-7 不同 Ce 含量实验钢氧化层总厚度及不同氧化层结构与温度的关系

(a) 氧化层总厚度；(b) 不同氧化层结构

6.4 Ce 对含铜砷钢中铜砷富集规律的影响

由前面含铜砷钢高温氧化性研究表明，铜砷富集主要发生在 1000℃ 和 1050℃ 下氧化时，因此重点开展这两个温度下稀土抑制铜砷富集的研究。图 6-8 和图 6-9 分别为 1000℃ 和 1050℃ 下不同 Ce 含量含铜砷钢氧化层与基体界面处铜砷富集 BSE 形貌及面扫描结果。可以看出，氧化温度为 1000℃ 时，不含 Ce 的 No.3 钢氧化层与钢基体界面处出现铜砷富集，并时而出现沿晶界的铜砷富集现象；0.0022%Ce 的 No.8 钢中依旧存在氧化层与基体界面处的铜砷富集，但沿晶界氧化富集的铜砷明显减少；而当 Ce 含量为 0.0058%、0.010% 和 0.029% 时，No.9 钢、No.10 钢、No.11 钢界面处铜砷富集尚未能够分辨出来。当氧化温度为 1050℃，不含 Ce 的 No.3 钢除了界面处大量的铜砷富集行为，还存在明显沿晶界向钢基体浸润的富铜砷液相，含 0.0022%Ce 和 0.0058% 的 No.8 钢和 No.9 钢只是在界面处出现铜砷富集，很难观察到有沿晶界浸润的富铜砷液相，同时可见随着 Ce 含量增加界面处富集的铜砷逐渐减少；而含 0.010% 和 0.029%Ce 的 No.10 钢、No.11 钢界面处铜砷富集量较 No.8 钢更为减少，EDS 尚未很好分辨出来，同样没有观察沿晶界浸润的富铜砷相。总体而言，随着 Ce 含量由 0 增加为 0.0022%、0.0058%、0.010% 和 0.029%，氧化层与基体界面处铜砷富集及沿晶界铜砷富集或富铜砷液相逐渐减少至最后 EDS 很难分辨出来。

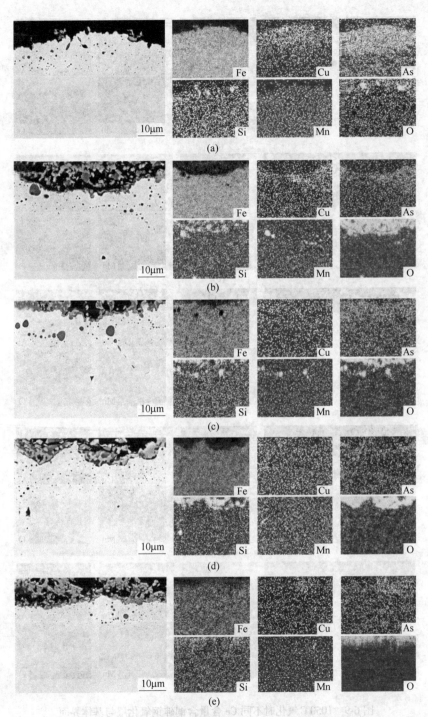

图 6-8 1000℃氧化时不同 Ce 含量含铜砷钢氧化层与基体界面处铜砷富集 BSE 形貌及面扫描结果

(a) No. 3 钢；(b) No. 8 钢；(c) No. 9 钢；(d) No. 10 钢；(e) No. 11 钢

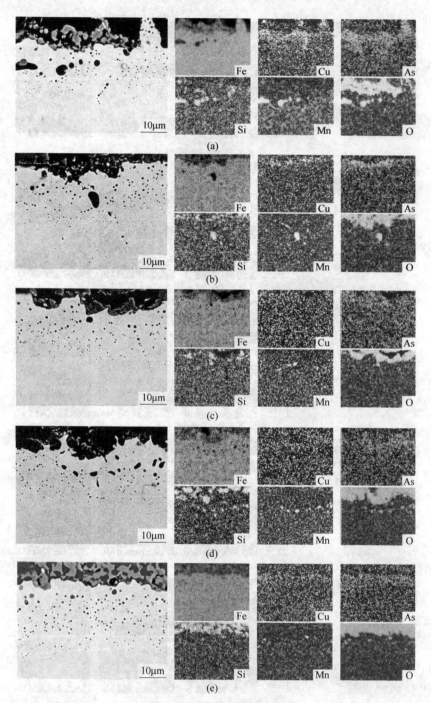

图 6-9　1050℃氧化时不同 Ce 含量含铜砷钢氧化层与基体界面
处铜砷富集 BSE 形貌及面扫描结果

（a）No. 3 钢；（b）No. 8 钢；（c）No. 9 钢；（d）No. 10 钢；（e）No. 11 钢

值得注意的是，由图 6-8 和图 6-9 还可发现，No.3 钢靠近界面处的氧化层中 Si 元素弥散分布，No.8 钢、No.9 钢中开始出现较为均匀的 Si 元素但并不连续，而 No.10 钢和 No.11 钢中出现较为连续且呈条带状均匀分布的 Si 元素，尤其 1050℃下氧化时连续的富 Si 层的形成更为明显。Si 在钢中将会优先氧化为 SiO_2，并易与 FeO 结合，由图 6-6 中的 XRD 分析可知，这些富集的 Si 元素是以 Fe_2SiO_4 的形成存在。研究表明，氧化层中固相 Fe_2SiO_4 层的形成能够有效减缓氧化进程[86,135]。因此，随着 Ce 含量的增加将会促进连续固态 Fe_2SiO_4 层的形成（Fe_2SiO_4 相的熔点为 1177℃），将有效阻止铁离子外扩散，降低氧化速率，减少单位面积氧化增重量，进而反过来减轻铜砷富集。

6.5 Ce 改善含铜砷钢热裂情况

图 6-10 为不同 Ce 含量下含铜砷钢表面热裂情况。可以看出，对于不含 Ce 的 No.3 钢，随着氧化温度由 1000℃增加为 1050℃时，钢的表面热裂加剧，并在 1050℃下时钢热裂情况最为严重，其表现为表面裂纹宽度大、渗透深度深，并具有典型因铜砷相浸润晶界产生的网状裂纹特征；而当氧化温度超过 1100℃时，热裂明显减少甚至消失。另外，随着 Ce 含量的增加，同一温度下热裂有效被抑制。其中 1050℃下氧化时，随着 Ce 含量由 0 增加为 0.0022%、0.0058% 和 0.01%，表面裂纹的数量、尺寸及渗透深度明显减少，当 Ce 含量增加为 0.029% 时，表面热裂情况完全消失，这表明即使热裂最为严重的情况下 Ce 的添加也具有良好的

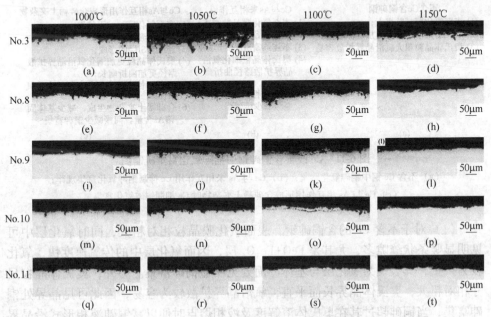

图 6-10 不同 Ce 含量及不同氧化温度下含铜砷钢热压缩表面裂纹形貌图

热裂改善效果。因此，Ce 的含量为 0.0022%～0.029%能够有效改善含铜砷钢热裂性。结合铜砷富集规律研究可以看出，不同 Ce 含量下含铜砷钢中铜砷富集规律与其热裂性结果相一致，即添加 Ce 后，氧化层与基体界面处铜砷的富集量减少，同时钢的热裂敏感性也相应降低。

6.6　Ce 抑制含铜砷钢氧化富集机理

结合前面研究可知，1000℃和1050℃温度范围内遵循 Harrison 提出的晶体扩散 B 型机制模型，以晶界扩散为主，即氧沿晶界扩散渗透的程度要比体扩散深。结合 Ce 对于氧化层表面形貌、氧化层致密性、奥氏体晶粒尺寸、固态 Fe_2SiO_4 层的形成及砷附存状态（形成含砷稀土夹杂物）的影响提出 Ce 抑制含铜砷钢中铜砷富集的机制，如图 6-11 所示。

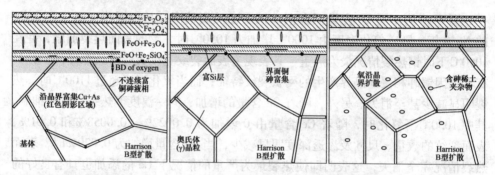

图 6-11　Ce 改善含铜砷钢中铜砷氧化富集机制图

（a）不含 Ce 钢中铜砷氧化富集；（b）Ce 与 As 未相互作用 Ce 抑制铜砷氧化富集规律；
（c）Ce 与 As 相互作用形成含砷稀土夹杂物时 Ce 抑制铜砷氧化富集

（1）对于不含 Ce 的含铜砷钢，表面氧化膜晶粒相对粗大，同时氧化层中可见明显竖条状缝隙多，尤其是 $FeO+Fe_3O_4$ 层，因而氧化层中的传氧速度快，氧化较为严重，其表现为氧化层与基体界面处见明显铜砷富集。另外，奥氏体晶粒尺寸相对粗大，奥氏体晶界长而平直，氧沿晶界扩散较为容易，因此可见晶界处铜砷富集，当铜砷超过其在奥氏体溶解度及液相熔点时便以富铜砷液相形式沿晶界浸润。

(2) 对于 Ce 与 As 未相互作用的低 Ce 含量含铜砷钢中，表面氧化膜晶粒细小，$FeO+Fe_3O_4$ 层中竖条状缝隙减少其氧化膜致密性增加，加之不连续固态 Fe_2SiO_4 层能够一定程度阻碍铁的外扩散，因而降低氧化速率，减少氧化增重量，进而减轻铜砷富集。同时，由于 Ce 的晶界偏聚或其高熔点稀土夹杂物的形成，奥氏体晶粒细化，晶界面积增加，氧沿晶界扩散的路径曲折幽长，起到减轻氧化的作用。另外，从化学活性的角度考虑，稀土与氧的结合力更高，在同样的氧化条件下其优先与传入的氧反应，进而变相减少传入氧化层的氧量，因而无论是晶界偏聚的 Ce 还是固溶于基体的 Ce 均起到保护氧化的作用。

(3) 对于 Ce 与 As 相互作用生成含砷稀土夹杂物的高 Ce 含量含铜砷钢中，表面氧化膜晶粒更加细小，$FeO+Fe_3O_4$ 层中竖条状缝隙少且氧化膜致密性好；同时，连续固态 Fe_2SiO_4 层的形成能够有效阻碍铁的外扩散，因而明显提高钢的高温抗氧化性，抗氧化性的提高意味着氧化层与基体界面处铜砷富集量或浸润晶界的富铜砷液相数量减少。另外，同样由于奥氏体晶粒细化氧沿晶界扩散路径的幽长及晶界偏聚 Ce 或固溶基体的 Ce 优先氧化变相降低传氧量的作用，铜砷的氧化富集减轻。不同于低 Ce 含量时，较高含量的 Ce 还能够与砷相互作用生成含砷稀土夹杂物，这改变了砷在钢中的赋存状态，钢中砷以化合物的形式被固定下来，变相降低钢基体中砷的固溶量，进而减轻甚至消除界面处或沿晶界的铜砷富集。在多因素的综合作用下，除了直接降低氧化富集铜砷量外，铜砷富集量的降低反过来又影响富铜液相的熔点并降低富铜液相浸润晶界的能力，因而含铜砷热裂敏感性改善。

6.7 本章小结

本章研究了不同 Ce 含量对含铜砷钢氧化动力学、氧化层表面形貌和纵截面显微组织的影响，分析添加稀土抑制含铜砷相富集情况，综合阐述稀土抑制含铜砷钢表面热裂机理，其主要结论如下：

(1) 氧化动力学分析表明，950~1050℃范围氧化时，不同 Ce 含量含铜砷钢均遵循先直线后抛物线氧化规律，1100℃和1150℃由于氧化层分离，氧化动力学遵循氧化初期和后期双直线段氧化规律。随着 Ce 含量的增加，氧化增重量逐渐降低，氧化激活能提高，显著增强含铜砷钢的高温抗氧化性。

(2) 氧化层表面形貌观察表明，Ce 的添加能够细化含铜砷钢氧化膜晶粒。氧化层纵截面显微组织分析表明，同一温度下，Ce 含量的增加并未改变氧化层的结构类型，由外到内氧化层结构均为 Fe_2O_3、Fe_3O_4、$FeO+Fe_3O_4$ 和 $FeO+Fe_2SiO_4$ 四层。然而，氧化层总厚度随着 Ce 含量的增加而逐渐降低，与氧化动力学曲线中单位面积氧化增重量结果相对应。此外，Ce 含量的增加减少了氧化层中竖条状缝隙，尤其是 $FeO+Fe_3O_4$ 层中的，增加氧化膜的致密性。

（3）铜砷富集规律研究表明，1000℃和1050℃下氧化时对于铜砷富集较为明显的不含 Ce 钢中，添加 Ce 含量为 0.0022%~0.029%均能降低氧化层与基体界面处铜砷富集或抑制沿晶界浸润富铜液相的形成。同时热压缩实验表明，0.0022%~0.029%Ce 均可有效改善含铜砷钢表面热裂问题。分析认为，添加稀土后，奥氏体晶粒尺寸细化、氧化层致密、Ce 促进 Fe$_2$SiO$_4$ 层形成及高 Ce 含量下含砷稀土夹杂物的生成综合作用减少铜砷富集，进而改善含铜砷钢热裂性。

7 稀土 Ce 对含铜砷钢常规力学性能的影响

钢的常规力学性能为判别钢材质量是否达标的重要标志，也是下游客户端更为关注的问题。影响钢材拉伸和冲击性能的因素较多，例如钢种的成分、显微组织类型及尺寸、晶粒大小、夹杂物或析出相特性及晶界特征等。就本书而言，钢中砷往往晶界偏聚危害钢的力学性能；同时如前面热塑性研究指出的较高含量砷还可影响相变组织转变，也会对钢的力学性能产生一定影响。而含铜砷钢添加稀土后，稀土因易偏聚于晶界、细化晶粒等作用有益于钢材性能的提升；但特殊的是稀土与砷能够相互作用生成含砷稀土夹杂物，从钢的纯净化角度考虑，过多的含砷稀土夹杂物可能对钢的力学性能产生不利影响。虽然前面章节稀土改善含铜砷钢热塑性和热加工性取得了良好结果，但由于影响力学性能的因素并不清楚。因此有必要开展添加稀土对含铜砷钢力学性能的影响研究，以期完整掌握稀土抑制残余元素危害钢材热塑性、热加工性等过程工艺性能及最终使用性能的综合效果及规律。

本章在承接前面稀土对含铜砷钢热塑性、高温氧化性影响研究基础之上，仅开展稀土添加对含铜砷钢力学性能影响规律及改善力学性能效果的研究。由于影响力学性能的因素较多，加之影响因素的权重也有差异性，因此添加稀土影响力学性能的详细机制未作讨论。

7.1 实验材料与方法

7.1.1 实验钢的热处理

锻造工艺的不可控因素较多，这些因素的波动将会导致实验钢的显微组织有所差异，进而干扰分析砷及铈对钢力学性能的影响规律。为消除锻造工艺所导致的组织差异对最终所测力学性能的影响，所有力学性能测试试样均进行正火处理，具体为随炉加热至880℃保温30min后空冷。正火处理后实验钢加工成相应的拉伸和冲击试样进行力学性能测试。

7.1.2 拉伸和冲击实验

拉伸性能测试在室温条件下进行，试样的具体尺寸如图7-1所示。每种实验钢进行两次平行拉伸实验，最终的拉伸性能指标均为两次的平均值。冲击实验试样为 10mm×10mm×55mm 的标准 V 型缺口试样，试样的具体尺寸如图 7-2 所示。冲击实验温度为−40℃、−20℃、0℃和室温。每种钢每个冲击温度进行 3 次实验，冲击功最终取其平均值。随后利用 SEM+EDS 分析观察拉伸、冲击断口形貌。

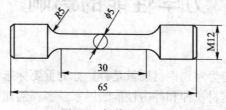

图 7-1　拉伸试样尺寸

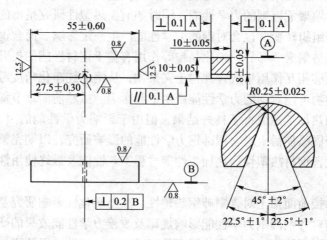

图 7-2　标准夏比 V 型缺口冲击试样尺寸

　　典型冲击试样断口形貌包括脚跟形纤维区、放射形结晶状区和底部及边缘剪切唇区三个区域，如图 7-3 所示。纤维状区冲击过程中受拉应力，其微观形貌为韧窝形貌；结晶状区由于裂纹快速扩展往往成解理或准解理形貌；而剪切唇区因受压应力作用，往往表为拉长的浅韧窝形貌。然而，由于钢材本身的塑性及冲击温度不同，三个区域可能不同时出现[136]。

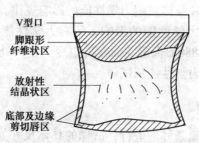

图 7-3　典型冲击断口宏观形貌示意图

冲击断口宏观形貌中结晶状区反映出的是材料的脆性特性；而纤维状区和剪切唇均显示出材料的韧性性质。因此，可以直观地比较结晶状区或纤维状区和剪切唇区的面积大小或定量测定各区域的面积比例来衡量钢材韧性的好坏。在实际分析过程中，由于结晶状区放射性花纹易于测量和辨认的原因，常常采用先测定晶状断面率（即断口上放射区的大小），然后换算成纤维断面率的方法。

7.2 砷对两个铜含量水平钢力学性能的影响

7.2.1 砷对两个铜含量水平钢拉伸性能的影响

表 7-1 为不同铜砷含量钢的室温拉伸性能结果。同时，为更为直观地观察砷含量对不同铜含量水平实验钢拉伸性能的影响规律，分别将强度和塑性指标与砷含量的关系作图，如图 7-4 所示。可以看出，对于 0.17% Cu 含量水平，当钢中砷含量增加为 0.10% 时，钢的强度指标抗拉强度和屈服强度开始明显下降；钢中砷含量由 0 最终增加为 0.15% 时，钢的抗拉强度和屈服强度分别由 543MPa、394MPa 降为 516MPa、331MPa，然而随着砷含量增加，钢的塑性指标虽有所提升，但提升作用并不明显。对于 0.22% Cu 含量水平，砷含量增加对于钢的强度和塑性指标影响均不明显。另外，相同砷含量情况下，铜含量增加明显降低钢的抗拉强度和屈服强度，对断后伸长率和断面收缩率的影响不大，结果如图 7-5 所示。

表 7-1 不同砷含量下各铜含量水平实验钢的拉伸性能结果

实验钢编号	抗拉强度 R_m/MPa	屈服强度 R_{eL}/MPa	断后伸长率 A/%	断面收缩率 Z/%
1 号	543	394	34.0	80.6
2 号	549	400	36.5	82.5
3 号	517	341	38.1	79.3
4 号	516	331	37.4	78.7
5 号	500	308	36.7	79.4
6 号	494	300	37.5	79.1
7 号	500	303	36.9	78.9

图 7-6 和图 7-7 分别为两个不同铜含量水平下实验钢拉伸断口宏观和微观

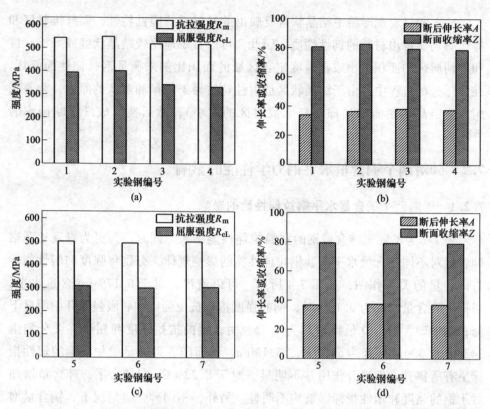

图 7-4 砷含量对含 0.17%Cu 和 0.22%钢拉伸性能的影响

(a)（b）0.17%Cu；（c）（d）0.22%Cu

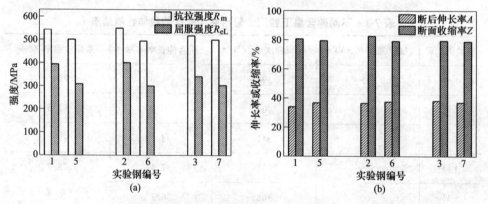

图 7-5 相同砷含量下铜含量增加对钢拉伸性能的影响

(a) R_m 和 R_{eL}；(b) A 和 Z

形貌图。可以看出，实验钢的拉伸断口形貌没有太大差别，微观上均表现为典型韧窝状形貌。

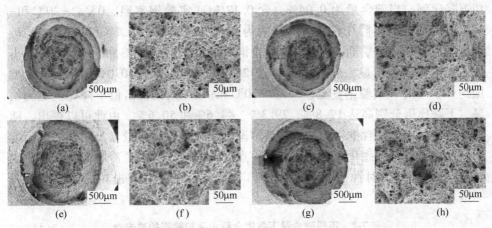

图 7-6 不同砷含量下含 0.17%Cu 钢拉伸断口宏观和微观形貌图

(a)(b) 1 号钢；(c)(d) 2 号钢；(e)(f) 3 号钢；(g)(h) 4 号钢

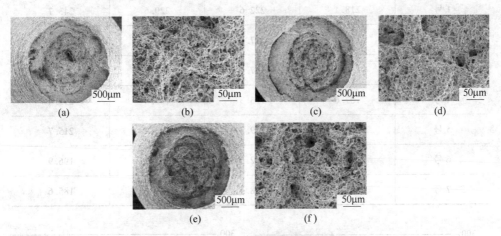

图 7-7 不同砷含量下含 0.22%Cu 钢拉伸断口宏观和微观形貌图

(a)(b) 5 号钢；(c)(d) 6 号钢；(e)(f) 7 号钢

7.2.2 砷对两个铜含量水平钢冲击性能的影响

不同砷含量含铜钢的冲击实验结果如表 7-2 所示。图 7-8 为砷含量对两个铜含量水平实验钢冲击功的影响规律。可以看出，含砷量不同的同一钢种，随着冲击温度的降低，冲击功逐渐下降，这与一般金属材料冲击性能随温度降低而降低的规律相一致。然而，对于含砷量不同的同一钢种，随着冲击温度降低其冲击功值降低的比例明显不同。以 0.17%Cu 含量水平钢为例来分析，首先需要指出的是，为分析不同冲击温度下砷含量变化对钢冲击性能的影响程度，以 1 号钢的冲击功为参照，计算出不同含砷量的 2 号钢、3 号钢、4 号钢冲击功下降比例。当砷含量为 0.04%，含 0.17%Cu 实验钢室温、0℃、-20℃和 -40℃时的冲击值下降比例不大，分别为 0.49%、3.6%、2.2%和 2.6%；当砷含量增加为 0.10%，含 0.17%Cu 实验钢室温、0℃、-20℃和 -40℃时的冲击值下降比例较为明显，分别达 8.0%、25.1%、29.2%和 40.0%；而砷含量增加到 0.15%时，实验钢室温、0℃、-20℃和 -40℃时的冲击值下降比例更为明显，下降比例分别高达 12.8%、29.3%、44.6%和 50.6%。由此可以得出，随着砷含量的增加，含铜钢的冲击韧性逐渐恶化；另外砷含量增加对于更低温度下的低温冲击韧性恶化更为明显，这一点类似于磷元素的"冷脆"作用。贾书君[137]所研究的磷对冲击功的影响规律与本实验中砷对冲击功的影响结果相一致。

表 7-2　不同砷含量下各铜含量水平实验钢的冲击功　　　　　　(J)

实验钢编号	-40℃	-20℃	0℃	室温
1 号	218.1	222.6	229.6	243.7
2 号	212.4	217.8	221.2	242.5
3 号	130.9	157.6	172.0	224.2
4 号	107.6	123.3	162.4	212.4
5 号	91.0	149.3	183.2	215.7
6 号	67.4	132.5	157.3	196.9
7 号	50.4	128.4	117.0	185.6

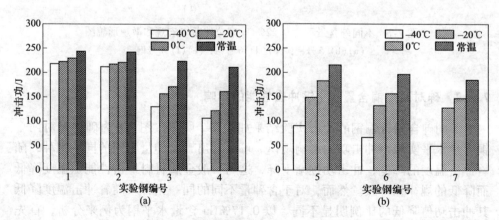

图 7-8　砷含量对两种不同铜含量水平实验钢冲击功的影响

(a) 0.17%Cu；(b) 0.22%Cu

　　图 7-9 和图 7-10 分别为室温和-20℃冲击时不同砷含量含 0.17%Cu 实验钢的冲击断口宏观和微观形貌。为更直观地观察砷含量对冲击断口形貌的影响，-20℃冲击时宏观断口上的结晶状区域用黑色线条加以勾勒出来。可以看出，室温下冲击时，1~4 号钢断口未出现结晶状区，其断口微观形貌均为典型韧窝状形貌，如图 7-9 所示，这说明含 0~0.15%As 的含铜钢冲击韧性均较高。而-20℃冲击时，含 0 和 0.04%As 的 1 号实验钢和 2 号实验钢依然未出现结晶

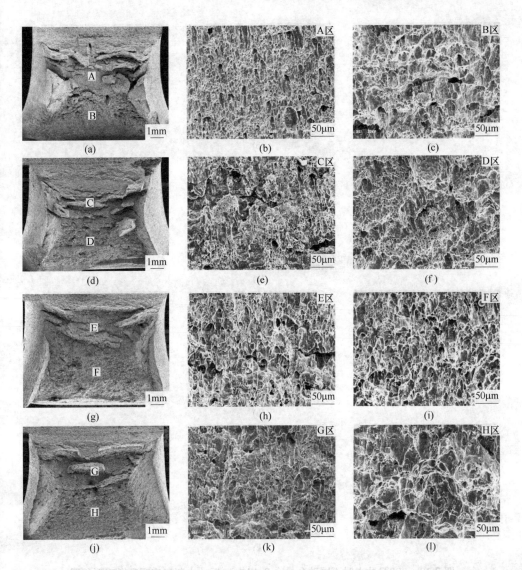

图 7-9　常温冲击时不同砷含量含 0.17%Cu 钢冲击断口宏观和微观形貌图

(a)~(c) 1 号钢；(d)~(f) 2 号钢；(g)~(i) 3 号钢；(j)~(l) 4 号钢

状区，但含0.10%和0.15%As的钢中出现明显结晶状区，并且随着砷含量增加结晶状区面积越来越大，表明冲击韧性随砷含量的增加越来越差。图7-11为-20℃冲击时不同砷含量含0.22%Cu实验钢的冲击断口宏观和微观形貌。与含0.17%Cu实验钢下相同，随着砷含量增加，实验钢结晶状区的面积越来越大。无论是含0.17%Cu还是0.22%实验钢，结晶状区的面积比例均随砷含量增加而增大的规律与上述冲击功值随砷含量增加而降低的结果相对应。

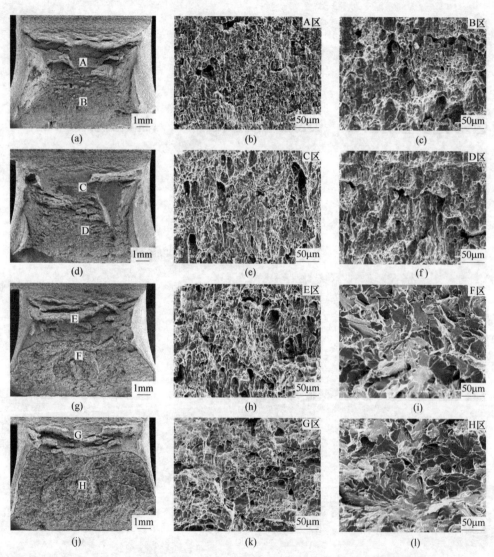

图7-10 -20℃冲击时不同砷含量含0.17%Cu钢冲击断口宏观和微观形貌图

(a)~(c) 1号钢；(d)~(f) 2号钢；(g)~(i) 3号钢；(j)~(l) 4号钢

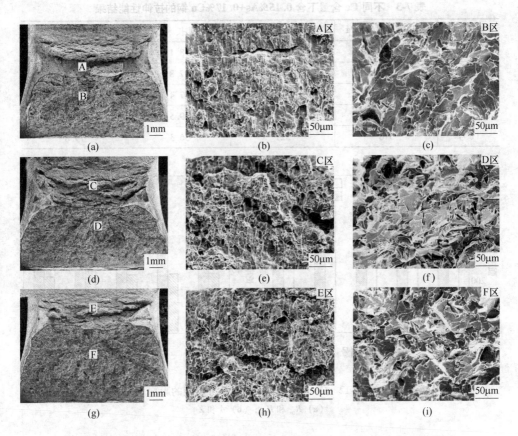

图 7-11 -20℃冲击时不同砷含量含 0.22%Cu 钢冲击断口宏观和微观形貌图
(a)~(c) 5 号钢；(d)~(f) 6 号钢；(g)~(i) 7 号钢

7.3 Ce 对含铜砷钢力学性能的影响

7.3.1 Ce 对含铜砷钢拉伸性能的影响

不同 Ce 含量下含铜砷钢的室温拉伸实验结果如表 7-3 和图 7-12 所示。可以看出，随着 Ce 含量由 0 增加为 0.029%，抗拉强度和屈服强度先有所降低后升高。虽然前面章节添加 0.010% 和 0.029%Ce 改善热塑性和热加工性获得较好的结果，但添加 0.010% 和 0.029%Ce 的 10 号钢、11 号钢的抗拉强度和屈服强度仍低于不添加 Ce 的 3 号钢。相对比 3 号钢，10 号钢抗拉强度和屈服强度的降低比例分别为 3.67%、9.09%，11 号钢的降低比例分别为 1.35%、5.86%。另外，断后伸长率和断面收缩率随着 Ce 含量增加虽有所波动但变化不大。

表 7-3 不同 Ce 含量下含 0.15%As+0.17%Cu 钢的拉伸性能结果

实验钢编号	抗拉强度 R_m/MPa	屈服强度 R_{eL}/MPa	断后伸长率 A/%	断面收缩率 Z/%
3 号	517	341	38.1	79.3
8 号	504	311	37.8	78.7
9 号	502	303	37.4	78.6
10 号	498	310	39.5	78.4
11 号	510	321	36.3	79.8

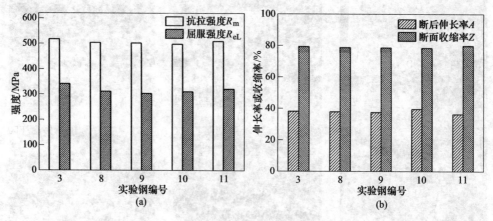

图 7-12 Ce 含量对含铜砷钢拉伸性能的影响

(a) R_m 和 R_{eL}；(b) A 和 Z

图 7-13 为不同 Ce 含量下含砷 C-Mn 钢拉伸断口宏观和微观形貌图。总体来看，不同 Ce 含量实验钢断口均为典型韧窝断裂形貌，无明显差异性。此外，还可以发现 Ce 含量为 0.029% 时实验钢部分断口中存在夹杂物粒子，如图 7-13（j）所示。实验钢拉伸断裂的过程为在拉应力的作用下，首先发生弹性变形，当拉应力达到屈服强度后，开始发生塑性变形。此后，如果钢中存在夹杂物粒子相，塑性变形时应力将集中于夹杂物与基体界面处，超过一定形变量后微孔将萌生于夹杂物与钢基体的交界面处，随着形变的不断增加，微孔尺寸不断增加，最后以韧窝形式联合而发生断裂。大量研究结果表明，夹杂物种类和形貌的不同将会引起实验钢拉伸性能的差异。

7.3.2 Ce 对含铜砷钢冲击性能的影响

不同 Ce 含量下含铜砷钢冲击实验结果如表 7-4 和图 7-14 所示。可以看出，添加 0.0022%~0.029%Ce 含量后，不同冲击温度下冲击功的变化规律有所不同，但整体而言添加 0.010%Ce 的 10 号钢-40℃、-20℃ 和 0℃ 的冲击功超过不添加

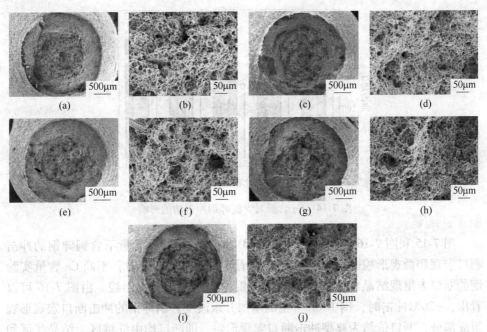

图 7-13 不同 Ce 含量含 0.15%As 钢拉伸断口宏观和微观形貌图
(a)（b) 3 号钢；（c)（d) 8 号钢；（e)（f) 9 号钢；（g)（h) 10 号钢；（i)（j) 11 号钢

Ce 的 3 号钢的冲击功；室温下 10 号钢的冲击功也非常接近 3 号钢；而添加 0.029%Ce 的 11 号钢其冲击功除-40℃的冲击功超过 3 号钢外，其他冲击温度的冲击功也接近 3 号钢。换言之，改善冲击韧性较好的为添加 0.010%Ce，而 0.029%Ce 时冲击韧性有所下降，其可能是与大量含砷稀土夹杂物生成有关。魏书豪[138]指出添加 0.0285%La+Ce，过多的大尺寸稀土夹杂物出现，易促进裂纹扩展，反而对钢的冲击韧性具有不利影响。另外，添加 Ce 后对于冲击韧性的改善主要体现在低温韧性方面，对于室温冲击韧性的改善作用不明显。

表 7-4　不同 Ce 含量下含 0.15%As+0.17%Cu 钢的冲击功　　　（J）

实验钢编号	-40℃	-20℃	0℃	室温
3 号	130.9	157.6	172.0	224.2
8 号	142.3	147.6	158.2	179.0
9 号	142.4	147.9	152.0	210.2
10 号	146.6	159.1	191.4	221.7
11 号	134.3	145.4	169.9	220.2

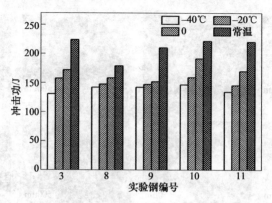

图 7-14　Ce 含量对含铜砷钢冲击功的影响

　　图 7-15 和图 7-16 分别为室温和-20℃冲击时不同 Ce 含量下含铜砷钢的冲击断口宏观和微观形貌图。由图 7-15 可以看出，室温下冲击时，不同 Ce 含量实验钢的断口未出现结晶状区，断口微观形貌均为典型韧窝状形貌。由图 7-16 可以看出，-20℃冲击时，钢中 Ce 含量的增加并未改变含铜砷钢的冲击断口宏观形貌组成部分，断口依然为典型冲击断口宏观形貌，即断口均由纤维区、结晶状区和少量剪切唇区三个部分组成，其中纤维区表现为韧窝断裂形貌，结晶状区表现为解理断裂形貌。但是随着 Ce 含量的增加，其中表征脆性的结晶状区的面积比例随着 Ce 含量由 0.0022% 增加为 0.010% 而减少，这预示着钢的冲击韧性也逐渐提高，当 Ce 含量进一步增加为 0.029% 时，结晶状脆性去的面积比例有所增加，但依旧小于不添加 Ce 的 3 号钢的面积比例。

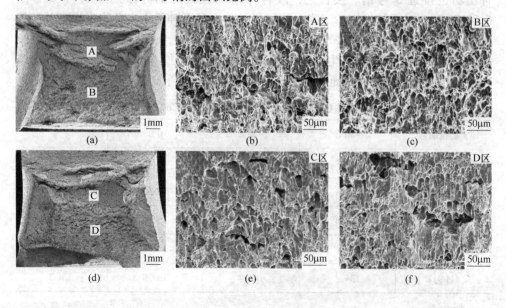

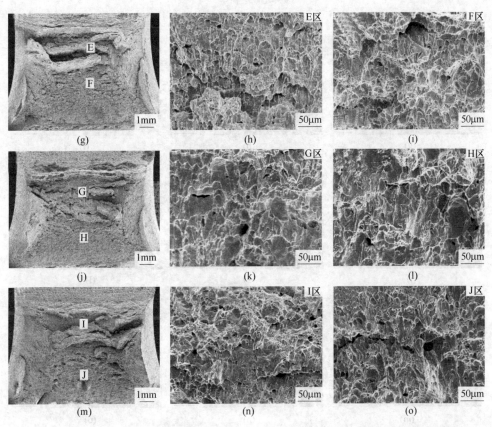

图 7-15 常温冲击时不同 Ce 含量下含 0.15%As+0.17%Cu 钢冲击断口宏观和微观形貌

(a)~(c) 3 号钢;(d)~(f) 8 号钢;(g)~(i) 9 号钢;(j)~(l) 10 号钢;(m)~(o) 11 号钢

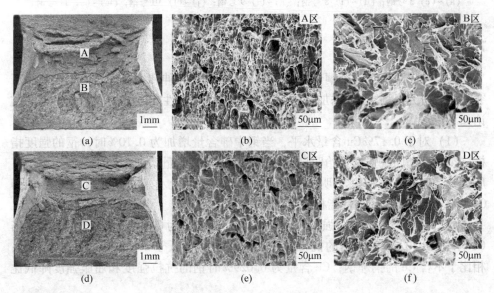

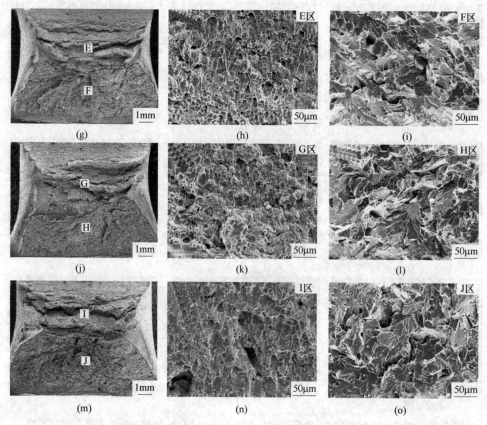

图 7-16　-20℃ 冲击时不同 Ce 含量下含 0.15%As+0.17%Cu 钢冲击断口宏观和微观形貌

(a)~(c) 3 号钢；(d)~(f) 8 号钢；(g)~(i) 9 号钢；(j)~(l) 10 号钢；(m)~(o) 11 号钢

7.4　本章小结

本章首先开展了两个铜含量水平下砷含量对钢拉伸和冲击性能的影响规律研究，然后研究了稀土 Ce 添加对含铜砷钢拉伸和冲击性能改善的效果，得到的结论如下：

（1）对于 0.17%Cu 含量水平，当钢中砷含量增加为 0.10% 时，钢的强度指标抗拉强度和屈服强度开始明显下降；然而随着砷含量增加，钢的塑性指标虽有所提升，但提升作用并不明显。对于 0.22%Cu 含量水平，砷含量由 0 增加为 0.09%，钢的强度和塑性指标变化均不明显。

（2）抗拉强度和屈服强度随着 Ce 含量由 0 增加为 0.029% 先降低后升高。当 Ce 含量为 0.029% 时，钢的抗拉强度和屈服强度仍低于不添加 Ce 的含铜砷钢；相比于不含 Ce 的铜砷钢，Ce 含量为 0.029% 时钢的抗拉强度和屈服强度降低比例最少，分别为 1.35%、5.86%。断后伸长率和断面收缩率随着 Ce 含量增加虽有所波动但变化不大。

（3）当稀土 Ce 含量为 0.010% 时，整体而言，稀土 Ce 改善了 -40℃~室温温度范围内的冲击韧性。而当稀土 Ce 含量为 0.029% 时，-20℃~室温的冲击功略低于不添加 Ce 的钢种，而 -40℃ 的冲击韧性要优于不添加 Ce 钢种，应该与 Ce 含量过高大量含砷稀土夹杂物的生成而导致实验钢冲击性能下降有关。

参 考 文 献

[1] 梁桂生，徐柏辉，董光德. 钢铁冶炼过程中砷的走向研究 [J]. 江西冶金，2001 (2)：6~9.

[2] 中国国家标准化管理委员会. GBT 3648-2013 钨铁 [S]. 北京：中国标准出版社，2014：3.

[3] Okamoto H. The As-Fe (arsenic-iron) system [J]. Journal of Phase Equilibria, 1991, 12 (4)：457~461.

[4] 殷国瑾. 砷在钢中的偏析与形态 [J]. 湖南冶金，1980 (4)：78~86.

[5] 殷国瑾. 砷在钢中的分布 [J]. 钢铁，1981, 16 (2)：20~28.

[6] 梁英生. 砷对碳钢性能的影响 [J]. 钢铁，1983, 18 (7)：54~59.

[7] Seah P M, Hondros E D. Grain boundary segregation [J]. Proceedings of the Royal Society of London A：Mathematical and Physical Sciences, 1973, 335 (1601)：191~212.

[8] Zhu Y Z, Li J, Xu J. Macroscopic distribution of residual elements As, S, and P in steel strips produced by Compact Strip Production (CSP) process [J]. Metallurgical and Materials Transactions. A, 2012, 43 (7)：2509~2513.

[9] Subramanian S V, Haworth C W, Kirkwood D H. Development of interdendritic segregation in an iron-arsenic alloy [J]. Journal of the Iron and Steel Institut, 1968, 206 (11)：1124~1130.

[10] Subramanian S V, Haworth C W, Kirkwood D H. Growth morphology and solute segregation in the solidification of some iron alloys [J]. Journal of the Iron and Steel Institute, 1968, 206 (10)：1027~1032.

[11] Costa D, Carraretto A, Godowski P J, et al. Evidence of arsenic segregation in iron [J]. Journal of materials science letters, 1993, 12 (3)：135~137.

[12] Godowski P J, Costa D, Marcus P. Surface segregation of arsenic in iron [J]. Journal of Materials Science, 1995, 30 (20)：5166~5172.

[13] McleanD. Grain boundaries in metals [M]. London：Oxford Universjty Press, 1957.

[14] 英宏，樊邯生. 微量元素锡、砷在 U74 重轨钢中的晶界偏聚 [J]. 东北工学院学报，1993, 14 (3)：257~260.

[15] Zhu Y Z, Li J C, Liang D M, et al. Distribution of arsenic on micro-interfaces in a kind of Cr, Nb and Ti microalloyed low carbon steel produced by a compact strip production process [J]. Materials Chemistry and Physics, 2011, 130 (1-2)：524~530.

[16] 刘富有. 残余元素的表面富集与晶界氧化——关于低碳钢热脆机理的讨论 [J]. 金属学报，1978 (3)：310~315.

[17] Suzuki H G, Nishimura S, Yamaguchi S. Characteristics of hot ductility in steels subjected to the melting and solidification [J]. Transactions of the Iron and Steel Institute of Japan, 1982, 22 (11)：48~56.

[18] Kizu T, Urabe T. Hot ductility of sulfur-containing low manganese mild steels at high strain rate [J]. ISIJ International, 2009, 49 (9)：1424~1431.

[19] 陈伟庆，昌波，于平. 钢中残余元素对连铸圆坯纵裂的影响 [J]. 钢铁，1998,

33 (9): 23~26.

[20] Mintz B, Abushosha R. Influence of vanadium on hot ductility of steel [J]. Ironmaking and Steelmaking, 1993, 20 (6): 445~452.

[21] Spradbery C, Mintz B. Influence of undercooling thermal cycle on hot ductility of C-Mn-Al-Ti and C-Mn-Al-Nb-Ti steels [J]. Ironmaking & Steelmaking, 2013, 32 (4): 319~324.

[22] 耿明山, 王新华, 张炯明. 低合金钢残余元素 Cu-As-Sn 的晶界偏析对晶间脆性断裂的影响 [J]. 特殊钢, 2009, 30 (4): 14~16.

[23] Nachtrab W T, Chou T Y. High temperature ductility loss in carbon-manganese and niobium-treated steels. pdf [J]. Metallurgical and Materials Transactions A, 1986, 17 (11): 1995~2006.

[24] Matsuoka H, Osawa K, One M. Influence of Cu and Sn on hot ductility of steels with various C content [J]. ISIJ International. 1997, 37 (3): 255~262.

[25] Botella J, Fernández M T, Fernández de Castillo I. Influencia de los elementos residuales cobre, estaño, fósforo y arsénico en el agrietamiento de la superficie del acero inoxidable 18-8 durante la compresión a altas temperaturas [J]. Revista de Metalurgia, 1998, 34 (Extra): 12~15.

[26] 裴斐, 成小军, 彭伟, 等. 残余元素在 CSP 热轧钢板中的分布及其对力学性能的影响 [J]. 矿冶工程, 2010, 30 (4): 86~90.

[27] 耿明山, 王新华, 张炯明, 等. 钢中残余元素在连铸坯和热轧板中的富集行为 [J]. 北京科技大学学报, 2009, 31 (3): 300~305.

[28] Melford D A. Influence of antimony and arsenic on surface hot shortness in copper-containing mild steels [J]. Journal of the Iron and Steel Institute, 1966, 204 (5): 495~496.

[29] Salter W J M. Effects of alloying elements on solubility and surface energy of copper in mild steel [J]. Journal of the Iron and Steel Institute, 1966, 204 (5): 478~488.

[30] Yin L, Sridhar S. Effects of residual elements arsenic, antimony, and tin on surface hot shortness [J]. Metallurgical and Materials Transactions B, 2011, 42 (5): 1031~1043.

[31] Shumilov M A, Bondar'V I, Kudryavtseva L N, et al. Effect of arsenic on the grain size of ferrite in low-alloy steels [J]. Metal Science and Heat Treatment, 1976, 18 (10): 896~898.

[32] 刘守平. 铁—砷熔体的热力学性质及铁液和钢液脱砷研究 [D]. 重庆: 重庆大学, 2000.

[33] 王继尧, 高秀华, 赵秉军, 等. 微量有害元素砷、锑对合金结构钢疲劳性能影响的研究 [J]. 材料科学与工艺, 1993, 1 (4): 26~32.

[34] 冯赞, 肖寄光, 王福明, 等. 砷及镧对 E36 船板钢连续冷却转变曲线的影响 [J]. 金属热处理, 2009, 34 (3): 14~18.

[35] 程慧静, 王福明, 李长荣, 等. 砷对 45 钢组织及力学性能的影响 [J]. 金属热处理, 2010, 35 (2): 33~38.

[36] Sawamura H, Mori T, Fujita T. Effect of carbon, arsenic, copper and tin on transition temperature of steel [J]. Iron and Steel, 1955, 41 (8): 861~869.

[37] 王继尧，赵秉军，赵家绪. As、Sb、Sn 对 30CrMnSiA 钢力学性能的影响 [J]. 金属热处理，1995 (2)：10~13.

[38] 肖寄光. 稀土元素镧与船板钢中残余元素砷的相互作用 [D]. 北京：北京科技大学，2010.

[39] 蒋曼，孙体昌，秦晓萌，等. 含砷、锡铁精矿煤基直接还原焙烧脱除砷锡试验研究 [J]. 矿冶工程，2011，31 (2)：86~89.

[40] 姜涛，黄艳芳，张元波. 含砷铁精矿球团预氧化-弱还原焙烧过程中砷的挥发行为 [J]. 中南大学学报（自然科学版），2010，41 (1)：1~7.

[41] 胡晓，吕庆，张淑会. 含砷铁矿石脱砷研究现状 [J]. 钢铁研究，2010，38 (4)：47~51.

[42] Chakraborti N, Lynch D C. Thermodynamics of roasting arsenopyrite [J]. Metallurgical and Materials Transactions B, 1983, 14 (2)：239~251.

[43] Schulman J H, Schumb W C. The polymorphism of arsenious oxide [J]. Journal of the American Chemical, 1943, 65 (5)：878~883.

[44] 梁英生. 炼钢过程砷氧化的可能性——热力学计算与实践 [J]. 钢铁，1979，14 (6)：35~42.

[45] 董元篪，施志平，张立民，等. 铁水脱砷的研究 [J]. 钢铁，1984，19 (9)：1~7.

[46] 刘守平，孙善长，张丙怀，等. 铁液碱性熔渣脱砷 [J]. 重庆大学学报（自然科学版），2001，24 (4)：106~110.

[47] 付兵，薛正良，吴光亮，等. 铁水用 CaC_2-CaF_2 渣系脱砷研究 [J]. 过程工程学报，2010，10 (S1)：146~149.

[48] Kitamura K, Takenouchi T, Iwanami Y. Removal of impurities from molten steel by CaC_2 [J]. Tetsu-to-Hagane, 1985, 71 (2)：220~227.

[49] 张荣生，陈龙根，杜挺. 钢液中碳化钙脱砷的研究 [J]. 钢铁研究总院学报，1985，5 (1)：15~20.

[50] 刘守平，孙善长. 钢液和铁水硅钙合金脱砷研究 [J]. 特殊钢，2001，22 (5)：12~15.

[51] Wang J J, Luo L G, Kong H, et al. The arsenic removal from molten steel [J]. High Temperature Materials and Processes, 2011, 30 (2)：171~173.

[52] 于月光，陈伯平，王玉刚，等. 钢真空感应熔炼过程痕量元素挥发的动力学 [J]. 北京科技大学学报，1993，15 (6)：549~554.

[53] 刘守平，孙善长. 钢液真空处理挥发脱砷 [J]. 特殊钢，2002，23 (3)：1~3.

[54] Burton C J. Vacuum metallurgy [C]//Vacuum Metallurgy Conference, Pittsburgh, 1977, 83~84.

[55] Wallen E. Production of ultra low carbon stainless grades [C]//Proceedings of the 2nd International AOD Conference, 1980, 15~17.

[56] 孙彦辉，李啸磊，赵晓亮. X80 管线钢炼钢过程钢中砷的控制 [C]//中国金属学会特钢分会、特钢冶炼学术委员会 2010 年会论文集，2010，159~164.

[57] 余宗森. 钢中稀土 [M]. 北京：冶金工业出版社，1982.

[58] Kukhtin M V, Cheremnykh V P. Interactions between REM and harmful impurities in Cr-Ni

steels [J]. Metal Science and Heat Treatment, 1980, 22 (10): 715~720.

[59] 李代钟, 王泽玉, 王星世, 等. 钢中稀土夹杂物形成和变化的某些规律 [J]. 钢铁, 1980, 15 (8): 34~39.

[60] 李文超, 林勤, 叶文, 等. 稀土对含砷低碳钢作用的动力学研究 [J]. 北京钢铁学院学报, 1983 (2): 61~67.

[61] 冯赞. 船板钢中砷与镧的相互作用及其对组织性能的影响 [D]. 北京: 北京科技大学, 2008.

[62] Gajewski M, Kasińska J. Effects of Cr-Ni 18/9 austenitic cast steel modification by mischmetal [J]. Archives of Foundry Engineering, 2012, 12 (4): 47~52.

[63] Wang H P, Lu X, Lei Z, et al. Investigation of RE-O-S-As inclusions in high carbon steels [J]. Metallurgical and Materials Transactions B, 2017, 48 (6): 2849~2858.

[64] Wang H P, Bai B, Jiang S, et al. An in situ study of the formation of rare earth inclusions in arsenic high carbon steels [J]. ISIJ International, 2019, 59 (7): 1259~1265.

[65] 李洪, 敬雷, 胜陈, 等. 铜含量对改良型 T91 钢高温氧化行为的影响 [J]. 钢铁, 2021, 56 (7): 123~128.

[66] 杜显彬, 魏泽华, 杜传治, 等. 残余元素砷、铜对耐低温热轧型钢表面质量的影响 [J]. 连铸, 2017, 42 (3): 34~38.

[67] 彭红兵, 徐玉松. 残余元素锡对齿轮钢疲劳性能的影响 [J]. 江苏科技大学学报 (自然科学版), 2017, 31 (6): 732~735.

[68] 闫文凯, 俞飞. 冷轧基料酸洗后表面黑条纹原因分析 [J]. 中国冶金, 2018, 28 (3): 60~65.

[69] Nagasaki C, Kihara J. Effect of copperand and tin on hot ductility of ultra-low and 0.2% carbon steels [J]. ISIJ International, 1997, 37 (5): 523~530.

[70] 耿明山, 王新华, 项利, 等. 残余元素对低合金钢连铸坯高温延塑性的影响 [J]. 钢铁, 2009, 44 (2): 32~35.

[71] Nachtrab W T, Chou Y T. Grain boundary segregation of copper, tin and antimony in C-Mn steels at 900℃ [J]. Journal of materials science, 1984, 19 (7): 2136~2144.

[72] Mejía I, Altamirano G, Bedolla-Jacuinde A, et al. Effect of boron on the hot ductility behavior of a low carbon advanced ultra-high strength steel (A-UHSS) [J]. Metallurgical and Materials Transactions. A, 2013, 44 (11): 5165~5176.

[73] 熊志强, 徐光, 袁清. 800MPa 级耐酸管线钢高温热塑性研究 [J]. 武汉科技大学学报, 2020, 43 (1): 15~21.

[74] 李德超, 董俊慧, 陈海鹏, 等. 无取向硅钢热变形组织中 Sb 的晶界偏析行为 [J]. 金属热处理, 2018, 43 (11): 1~5.

[75] 韩纪鹏, 李阳, 姜周华, 等. 钢中低熔点元素的危害及含锡钢的发展研究 [J]. 钢铁研究学报, 2014, 26 (4): 199~204.

[76] Li J R, He T, Cheng L J, et al. Effect of precipitates on the hot embrittlement of 11Cr-3Co-3W martensitic heat resistant steel for turbine high temperature stage blades in ultra-supercritical power plants [J]. Materials Science and Engineering: A, 2019, 763: 138187.

[77] 冯运莉，段宝美，胡小明，等．V-N 微合金化 Q420B 大规格角钢连铸坯高温热塑性的研究 [J]．热加工工艺，2014，43（16）：57~61.

[78] Peng H B, Chen W Q, Chen L. Effect of tin, copper and boron on the hot ductility of 20CrMnTi steel between 650℃ and 1100℃ [J]. High Temperature Materials & Processes, 2015, 34 (1)：19~26.

[79] 张磊．残余元素锡对高碳钢组织与性能的影响研究 [D]．重庆：重庆大学，2018.

[80] 王辉绵，陈金虎，张增武，等．残余元素 Pb、Sn 对含 Cu 奥氏体不锈钢表面质量的影响 [J]．特殊钢，2008，29（5）：43~44.

[81] Yin L, Sridhar S. Effects of small additions of tin on high-temperature oxidation of Fe-Cu-Sn alloys for surface hot shortness [J]. Metallurgical and Materials Transactions B, 2010, 41 (5)：1095~1107.

[82] 耿明山，王新华，张炯明，等．Cu、As、Sn 对 C-Mn 钢热轧板表面质量的影响 [J]．特殊钢，2008，29（6）：41~43.

[83] Webler B, Yin L, Sridhar S. Effects of small additions of copper and copper + nickel on the oxidation behavior of iron [J]. Metallurgical and Materials Transactions B, 2008, 39 (5)：725~737.

[84] 曹光明，高欣宇，单文超，等．Ni 系低温钢的高温氧化行为研究 [J]．东北大学学报（自然科学版），2020，41（6）：792~800.

[85] 夏伟军，赵青卿，袁武华，等．300M 钢的高温氧化行为 [J]．金属热处理，2020，45（11）：49~55.

[86] Liu S, Tang D, Wu H B, et al. Oxide scales characterization of micro-alloyed steel at high temperature [J]. Journal of Materials Processing Technology, 2013, 213 (7)：1068~1075.

[87] 高炜．Fe-Cr-Si 合金高温氧化行为研究 [D]．沈阳：沈阳大学，2019.

[88] 王建明，李国强，孙彬，等．Fe-Si 合金高温氧化动力学分析 [J]．热加工工艺，2016，45（20）：97~100.

[89] Chen R Y, Yeun W Y D. Review of the high-temperature oxidation of iron and carbon steels in air or oxygen [J]. Oxidation of metals, 2003, 59 (5)：433~468.

[90] 吴酉生．铜锡残余元素及加热工艺对普碳钢、表面热脆或网裂影响的试验研究 [J]．钢铁，1985，20（7）：27~33.

[91] Harrison L G. Influence of dislocations on diffusion kinetics in solids with particular reference to the alkali halides [J]. Transactions of the Faraday Society, 1961, 57：1191~1199.

[92] Melford D A. Influence of antimony and arsenic on surface hot shortness in copper-containing mild steels [J]. Journal of the Iron and Steel Institute, 1966, 204 (5)：495~496.

[93] Subramanian P R, Laughlin D E. The As-Cu (arsenic-copper) system [J]. Bulletin of Alloy Phase Diagrams, 1988, 9 (5)：605~618.

[94] Seah M P, Spencer P J, Hondros E D. Additive remedy for temper brittleness [J]. Materials Science and Technology, 1979, 13 (5)：307~314.

[95] Knight R F, Tyson W R, Sproule G I. Reduction of temper embrittlement of 2.25Cr-1Mo steels by rare earth additions [J]. Metals Technology, 1984, 11 (1)：173-179.

［96］ Garcia C I, Ratz G A, Burke M G, et al. Reducing temper embrittlement by lanthanide additions ［J］. JOM, 1985, 37 (9): 22~28.

［97］ 魏利娟, 王福明, 项长祥, 等. 镧对含锡、锑残余元素的34CrNi3Mo钢热塑性的改善作用 ［J］. 中国稀土学报, 2003, 21 (3): 311~314.

［98］ Xiao J G, Wang F M, Li C R, et al. Alloying effect of lanthanum in GCr15 bearing steel with tin and antimony ［J］. Journal of Rare Earths, 2007, 25 (z1): 278~282.

［99］ 李文超, 林勤, 叶文. 含砷低碳钢中稀土夹杂物形成的热力学计算 ［J］. 稀有金属, 1983, 2 (1): 53~59.

［100］ 李文超. 钢中稀土夹杂物生成的热力学规律 ［J］. 钢铁, 1986, 21 (3): 7~12.

［101］ 郭峰. 碳锰纯净钢中稀土元素镧、铈的行为及合金化作用 ［D］. 北京: 科技大学, 2004.

［102］ 梁英教, 车荫昌. 无机物热力学数据手册 ［G］. 沈阳: 东北工学院出版社, 1993.

［103］ 董元篪, 魏寿昆, 彭惇强, 等. Fe-As-C-j熔体中As活度的研究 ［J］. 金属学报, 1986, 22 (6): 89~91.

［104］ Sigworth G K, Elliott J F. The thermodynamics of liquid dilute iron alloys ［J］. Metal Science, 1974, 8 (1): 298~310.

［105］ Flemings MC. Solidification processing ［J］. Metallurgical Transactions, 1974, 5 (10): 2121~2134.

［106］ Jie W Q. Further discussions on the solute redistribution during dendritic solidification of binary alloys ［J］. Metallurgical and Materials Transactions B, 1994, 25 (5): 731~739.

［107］ Clyne T W, Kurz W. Solute redistribution during solidification with rapid solid state diffusion ［J］. Metallurgical Transactions A, 1981, 12 (6): 965~971.

［108］ 许志刚, 王新华, 景财良, 等. 枝晶凝固过程中的微观偏析半解析数学模型 ［J］. 北京科技大学学报, 2014, 36 (5): 617~624.

［109］ Ma Z T, Janke D. Characteristics of oxide precipitation solidification of deoxidized steel ［J］. ISIJ International, 1998, 38 (1): 46~52.

［110］ Kim K, Han H N, Yeo T, et al. Analysis of surface and internal cracks in continuously cast beam blank ［J］. Ironmaking and Steelmaking, 1997, 24 (3): 149~156.

［111］ 钟雪友, 胡汉起, 刘昌明. 高锰钢中铈的溶质平衡分配系数 K_0 的测定及铈对锰硅 K_0 值的影响 ［J］. 北京钢铁学院学报, 1984 (3): 16~22.

［112］ Božić B I, Lučić R J. Diffusion in iron-arsenic alloys ［J］. Journal of Materials Science, 1976, 11 (5): 887~891.

［113］ Song S h, Jiang X, Chen X M. Tin-induced hot ductility degradation and its suppression by phosphorus for a Cr-Mo low-alloy steel ［J］. Metallurgical and Materials Transactions A, 2014, 595: 188~195.

［114］ Peng H B, Chen W Q, Chen L, et al. Beneficial effect of B on hot ductility of 20CrMnTi steel with 0.05% Sn ［J］. Metallurgical Research & Technology, 2014, 111 (4): 221~227.

［115］ Güler H, Ertan R, özcan R. Investigation of the hot ductility of a high-strength boron steel

[J]. Materials Science and Engineering A, 2014, 608: 90~94.

[116] 刘永华, 张金柱. 钢中稀土铈与砷相互作用研究 [J]. 现代机械, 2010 (5): 87~88.

[117] 沙爱学, 王福明, 吴承建, 等. 稀土镧对钢中残余元素的固定作用 [J]. 稀有金属, 2000 (4): 287~291.

[118] Mintz B, Yue S, Jouas J J. Hot ductility of steels and its relationship to the problem of transverse cracking during continuous casting [J]. International Materials Reviews, 1991, 36 (5): 187~217.

[119] Thomas B G, Brimacombe J K, Samarasekara I V. The formation of pannel cracks in steel ingots a state-of-the-art review [J]. ISS Transactions, 1986, 7: 7~20.

[120] Calvo J, Rezaeian A, Cabrera J M, et al. Effect of the thermal cycle on the hot ductility and fracture mechanisms of a C-Mn steel [J]. Engineering Failure Analysis, 2007, 14 (2): 374~383.

[121] Jiang X, Song S H. Enhanced hot ductility of a Cr-Mo low alloy steel by rare earth cerium-delay proeutectoid ferrite [J]. Materials Science & Engineering A, 2014, 613: 171~177.

[122] 余圣甫, 邓宇, 黄安国, 等. 稀土 Ce 在大热输入焊缝金属中的作用 [J]. 中国科技论文, 2015, 7 (8): 612~615.

[123] Liu H L, Liu C J, Jiang M F. Effect of rare earths on impact toughness of a low-carbon steel [J]. Materials & Design, 2012, 33: 306~312.

[124] Liu C J, Liu H L, Jiang M F. Effects of rare earths on austenite grain growth behavior in X80 pipeline steel [J]. Advanced Materials Research, 2010, 163: 61~65.

[125] Fu H G, Xiao Q, Kuang J C, et al. Effect of rare earth and titanium additions on the microstructures and properties of low carbon Fe-B cast steel [J]. Materials Science and Engineering A, 2007, 466 (1~2): 160~165.

[126] Costa D, Carraretto A, Godowski P J, et al. Evidence of arsenic segregation in iron [J]. Journal of Materials Science Letters, 1993, 12 (3): 135~137.

[127] Chen L, Ma X C, Wang L M, et al. Effect of rare earth element yttrium addition on microstructures and properties of a 21Cr-11Ni austenitic heat-resistant stainless steel [J]. Materials & Design, 2011, 32 (4): 2206~2212.

[128] Lin Q, Guo F, Zhu X Y. Behaviors of lanthanum and cerium on grain boundaries in carbon manganese clean steel [J]. Journal of Rare Earths, 2007, 25 (4): 485~489.

[129] 杨阿娜, 刘生. Al 和 Ni 对含铜钢高温氧化后界面处富铜相的影响 [J]. 宝钢技术, 2017 (3): 1~8.

[130] SampsonE, Sridhar S. Effect of silicon on hot shortness in Fe-Cu-Ni-Sn-Si alloys during isothermal oxidation in air [J]. Metallurgical and Materials Transactions B, 2013, 44 (5): 1124~1136.

[131] 陈伟鹏, 江梦清, 汤卫东, 等. 镧-铈对低合金钢高温氧化的影响 [J]. 热加工工艺, 2019, 48 (6): 66~69.

[132] Bin W, Bo S. In situ observation of the evolution of intragranular acicular ferrite at Ce-containing inclusions in 16Mn steel [J]. Steel Research International, 2012, 83 (5):

487~495.

[133] Xin W B, Zhang J, Luo G P, et al. Improvement of hot ductility of C-Mn steel containing arsenic by rare earth Ce [J]. Metallurgical Research & Technology, 2018, 115 (4): 419.

[134] 王立辉, 刘祥东, 周文强, 等. 稀土含量对 TRIP/TWIP 钢晶粒及晶界特征的影响 [J]. 武汉科技大学学报, 2017, 40 (6): 401~407.

[135] Martínez-Cázares G M, Mercado-Solís R D, Colás R, et al. High temperature oxidation of silicon and copper-silicon containing steels [J]. Ironmaking & Steelmaking, 2013, 40 (3): 221~230.

[136] 唐振廷. 冲击试样断口与力-位移曲线之间的关系 [J]. 物理测试, 2004 (4): 1~5.

[137] 贾书君, 曲鹏, 翁宇, 等. 磷和晶粒尺寸对低碳钢力学性能的影响 [J]. 钢铁, 2005, 40 (6): 59~63.

[138] 魏书豪, 陆恒昌, 刘腾轼, 等. 稀土对 HRB400E 螺纹钢低温冲击韧性的影响 [J]. 中国冶金, 2022, 32 (9): 16~25.